オルタナティブ・パブリック

クマタイチ＋浜田晶則

VE PUBLIC

ALTERNATI

目次

Aki Hamada
Taichi Kuma

scene
特別トークイベント
「ひきこもる都市」
<世界中の建築家をつないで>
Jun Hirata

Aki Hamada
クマタイチ
#scene

クマタイチ
Akinori Hamada
クマタイチ・浜田晶則
scene #読み替える都市

蓮沼執太

まえがき

「ブツに頼らない公共」　クマタイチ

建築を設計するのはとても根気が強いられる作業だ。コンセプトを描き、図面を描き、コストを調整し、クライアントや施工者など様々な人間関係の中で一つの建物をつくっていく。その分、竣工したときの達成感はひとしおである。竣工写真を撮り、運が良ければ、メディアに発表されて、段々とそのプロジェクトとの距離感が生まれ始める。（むしろ、問題が起きたりしたときにそこに戻ってくるものなので、距離感ができた方がいいと考えるのが自然かもしれない。）アートピースとしての建築をつくるスタンスとしてはそれでも良いと思う。

しかし、本来建築をつくる行為とは、その場所に働きかけ、新しい景色をつくり出し、周囲に影響を与えることであるはずだ。公共建築を見て回ると、「建築ブツ」としてはおもしろく、よくできたものではあっても、設計者からあまりにも無責任に手離れしてしまったせいか、とても残念に使われている（もしくは使われてない）ものをよく目にする。ぼく自身は、建築家として、シェアハウス、シェアオフィス、シェアキッチンの設計から運営ということを行っていて、建築の使われ方を含めてデザインするスタンスでいるので、そういった公共建築に出会うとともがっかりする。なにも建築家が建物の運営をすべきだと言っているのではない。新しい場所の価値やコミュニティを生み出していくには、「建築ブツ」と関わりを持ち続けていくことが重要なのではないかと考えている。

今回、『オルタナティブ・パブリック』という本をつくろうと思った背景には、建築家としてのこのような姿勢がある。これは、オルタナティブな公共空間、公共圏について扱った本である。しかし、インタビューさせていただいた人の中に、公共建築をつくる人はいない。全員「建築ブツ」を必要とせずに、都市、郊外、農村に、新たな公共をつくりだしている。それぞれの方が、専門とされているフィールドは様々である。ゲーム、演劇、ランドスケープ、音楽、公園、ビッグデータ、食、古材。

ここ数年、都市を対象とした、実験や活動、表現が増えてきている気がして、公共に関しては、建築というものの存在意義が脅かされるような気もしていた。

その最たる例が、「Pokémon GO」だ。一見するとなにもない場所に、スマホを持った人が大挙して押し寄せている絵は衝撃的だった。見たことのない風景である。自分も実際にゲームをプレイしてみると、ポケモンという世界的コンテンツを無理なく、シームレスに、現実世界に落とし込む様々な工夫がされていることに驚いた。その一つは、普段、街の中で見落としていた、オブジェや構築物を「ポータル」として登録していて、そこに行くことで、ポケモンバトルやアイテムが入手できたりする。ゲームをプレイしたことで、新しいポケモンに出会うだけなく、街の見え方が変わってしまうのだ。

高山明さんの「東京ヘテロトピア」という演劇作品を体験したときにもとても似たようなものを感じた。東京中に隠れたアジアに関する場所を、スマートフォンのアプリをダウンロードして、巡るのである。登録されている場所は、レストラン、お店、お寺などであるが、そこでアプリを開き、物語を聞くことで、演劇がはじまる。アジアの異国から様々な不安を抱えて日本にやってきた方々が拠り所としている、これらの場所のストーリーを聞いていると、いままで見ていた景色や食べている料理の味が途端に変わりはじめる。日本人のぼくらにとっては、異国情緒あふれる体験というだけで通り過ぎてしまっていた場所が、だれかにとっての公共空間であったことに気づく。

「Pokémon GO」と「東京ヘテロトピア」を経験して、建築家として本当に公共建築をつくる必要があるのだろうかと、すっかり不安になってしまった。しかし、そこで思考を停止してもしょうがないと思い立ち、２０１５年から友人の浜田晶則くんと「scene」というプラットフォームを立ち上げ、都市を媒介として表現や研究を行っている方々に公開型でインタビューをはじめた。建築にとらわれずに公共空間を考えたいという狙いがあった。これらのインタビューは、ぼくが設計、運営にはじめて携わった「シェア矢来町」という神楽坂にあるシェアハウスの、多目的な土間スペースで月に一回程度行った。二年ほど活動した後、ぼくがニューヨークで就職することになり、イベントは休止することになった。

時は流れて、２０２０年春、世界はパンデミックの脅威に包まれて、ぼくも日本に帰国することになった。久しぶりの日本の友人たちにも会うことができず、悶々とこの世界はどうなっていくんだろうと考えていたときに、日本の友人に会えないなら世界の友人と話せばいいじゃないかと思い立った。早速、浜田くんと連絡を取り合い、「scene」のプラットフォームを使って、世界中の若手建築家の友人たちとオンラインで接続し、パンデミック下での各都市の状況を聞いた。

zoom のウェビナーを使うというアイデアは、そのときから scene のメンバーに、映像制作会社の経験もある平田潤一郎さんに加わってもらって実現できた。ロンドン、パリ、ブリュッセル、コペンハーゲン、ドバイ、バンコク、上海、メキシコシティ、サンフランシスコ、ニューヨークと、都市ごとの対応の違いを、生の声で聴けるのはとても興味深い体験であった。そして、時間が経つにつれて、やはり人はどこでもリアルな身体性を伴った交流を求めはじめるもので、それに対する各都市での創意工夫を情報交換するような場に発展していった。公園でのソーシャルディスタンスの取り方、路上での飲食空間の出現、データを用いたトラッキングシステム、郊外への移住傾向、リモートでの市民参加など、自然と、公共的なテーマを議論することが増えていった。そこで気づいたのは、「建築ブツ」のデザインの話を全くせずに、これからの公共空間の可能性をみなが語りあっていたことである。それも全員、建築家である。

パンデミックという、行動が限定された特殊な状況下で、都市を「読み替える」可能性を発見したとも言える。それから scene は再び、オリジナルのかたちに戻り、建築、建築家という枠を超えて、都市・郊外・農村におけるこれからの公共空間、公共圏の可能性を専門家にするインタビューを開始した。ただこれまでと違うのは、対面ではなくオンラインでゲストに接続したことだ。ぼくと浜田くんと平田さんは日本中を旅しながら、その旅先から、話を聞いた。世界中と簡単につながれるように、移動する点と点がつながることもできるようになったのが、パンデミックを経た後のもう一つの気づきである。なぜ移動を続けたかというと、それは都市に縛られたくなかったからである。２０２０年に再開するまでの scene は都市だけに目を向けていた。それは、ぼくらの生活圏が東京にあり、東京で教育を受け、東京で主に仕事をしていたからだと思う。しかし、よくよく考えてみると、いまはどこからでも仕事ができるし、郊外や農村といったところで、そこでしかないリソースをつかった公共空間、公共圏が生まれていることに気づいた。本書でも紹介している、徳島県神山町の Food Hub Project の真鍋太一さん、長野県上諏訪の Rebuilding Center の東野唯史さんの活動は、都市で再現することは難しい。ぼくらは直接彼らを訪れ、そこで起きている新しい景色を目撃して、後日改めて、内容を整理して、オンラインで話を聞くという方法をとった。オンラインで話を聞いてるときには、ぼくらはまた違う日本のどこかにいるわけだが。（ときには wifi のない自然の中に囲まれていて、冷や汗をかいたりもした。）

というわけで、この本は、パンデミックをきっかけに始まった新たなsceneの旅の記録という側面もある。インタビューのほとんどは公開型にしていて、常連のように見てくれている方もいたが、もっと多くの人に知ってもらいたい内容が多く、出版を編集の中井希衣子さんとグラフィックデザイナーで本も自ら出版されているBOOTLEGの尾原史和さんに相談した。『オルタナティブ・パブリック』という書名は中井さんの発案で、聞いた途端にしっくりきた。これまでのトップダウン型とはどこか違う、単なるオフィシャルなものではない、サードウェーブ的なパブリックの作り方を模索したいという考えでつけた書名だ。僕は建築を生業として、日々建築の設計や生産にかかわっているわけだが、じぶんたちの仕事を外から見てみると、テクノロジーの進化やパンデミックを経験して、公共のかたちが変化していることに改めて驚かされる。いまこの瞬間も、それがどこに向かうか、本当に建築ブツはいらなくなるのかわからない。しかし、ひねくれた視点かもしれないが、それならば建築家としてのオルタナティブを探っていこうという思いで、インタビューを行い、この本をつくった。建築、都市、公共空間に関わる人だけでなく、どれか一つの気になったテーマがあればそこから読み始めて、公共をつくる側の視点を持ってもらえたらと思う。

ゲーム

拡張世界が変える現実世界

川島優志

デザイナー（Niantic, Inc.）

Game

Masashi Kawashima

2013年、Googleの社内スタートアップとして発足したNiantic Labsの UX/Visual Designerとして参画、『Ingress』のビジュアル及びユーザーエクスペリエンスデザインを担当。2015年10月にNiantic, Inc. の設立と同時にアジア統括本部長に就任し、2019年に副社長となる。「Pokémon GO」では、開発プロジェクトの立ち上げを担当。現在は新プロジェクト「Truffel」の代表を務める。

pic.4

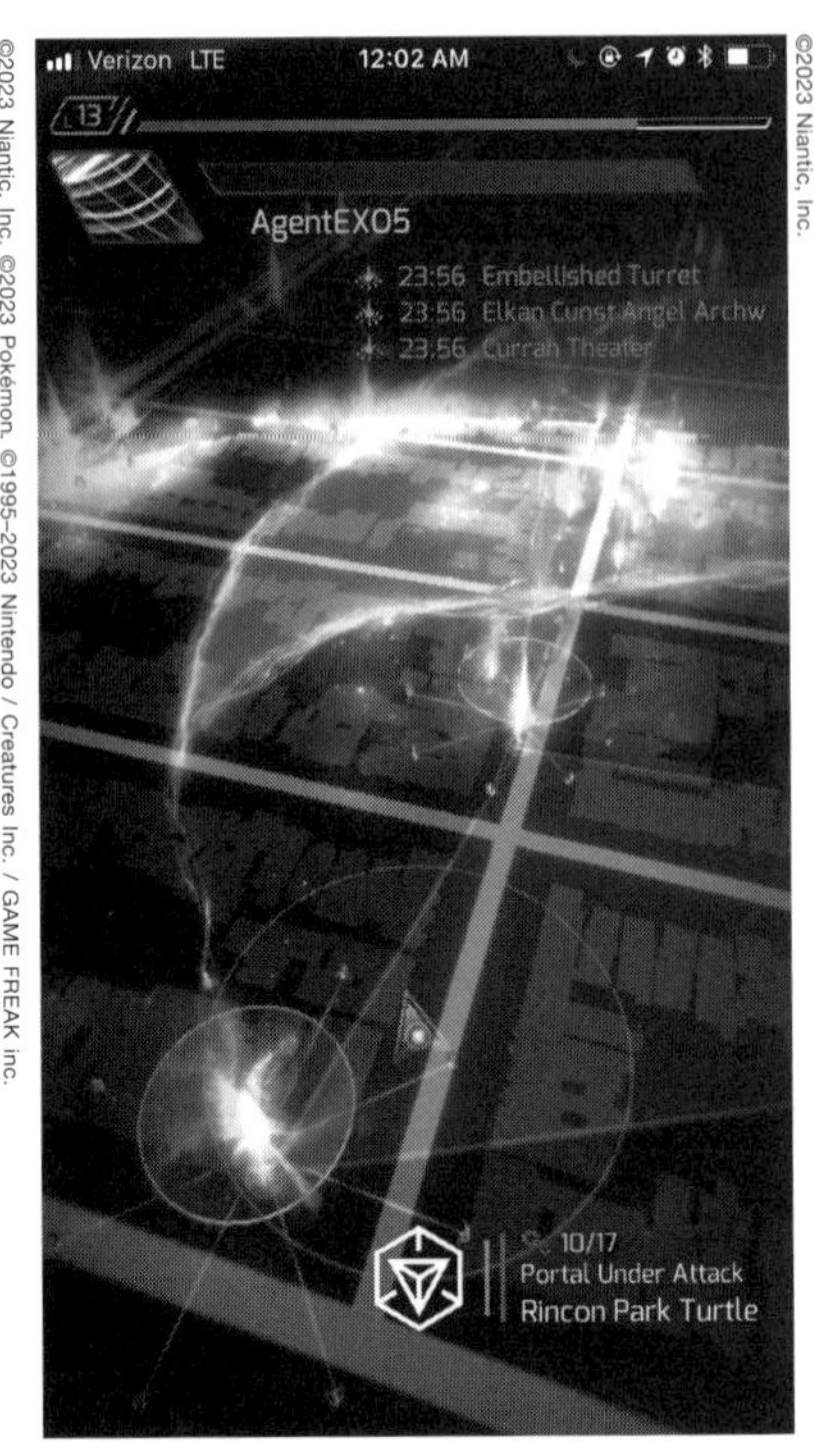

pic.1

pic.2

pic.3

pic.5

pic.7

pic.6

Pokémon GOのリリースの衝撃は忘れることはできない。人生で一番プレイしてきたゲームは、ポケモンかもしれない。もちろん最初のポケモンは白黒の8bitのゲームボーイでプレイしていたから、そのせいでだいぶ目が悪くなった気がするくらいだ。どこでも持っていけるゲームボーイで、モンスターをその中に所有する感覚は、現実世界とゲーム世界がシンクロするようで、他のどんなゲームよりも夢中になった。そこから20年あまりの月日が経ち、すっかり大人になってしまっていたが、ある日ツイッターで流れてきたティーザー動画。ピカチュウが日本の住宅街に現れるその動画を見て、子どもの頃の興奮がよみがえった。そこにはスマホこそあるが、ゲームボーイの中の世界ではなく、現実世界にモンスターが登場してくれたのだ。自分でもプレイし、近所でも普段歩かない場所を散歩したり、普段気づくことのない都市の中の構築物を発見することになった。Pokémon GOが社会現象となり、同じ会社がつくるIngressの存在も知り、ゲームを通じて人を行動させ、人と場所、人と人をリアルにつなげていくことの可能性に、建築家として興味を持った。（クマ）

◎ゲームだからこそ

川島　私たちNianticが、「Ingress」（pic.1）や「Pokémon GO」（pic.2）より前につくったアプリケーションに「Field Trip」というものがあります。デバイス上でカードが自動表示され、プレイヤーは自分がいる場所の隠れた歴史を手軽に知ることができます。ローンチ後には一定の評価も得ましたが、一方で「アプリケーションで人を動かす」という企図は十分に叶えられませんでした。旅先など、初めて訪れる場所で使われることが多く、日常的に暮らす場所で使うものとしてはつくりこめなかったんです。

だからそれ以来「人を動かす」ということをより考え抜き、IngressやPokémon GOに展開しました。ハードをつくらずとも風景が生まれたのは、ゲームの力によるものだと思います。

クマ　たしかに技術的な側面も重要ですね。デバイス上でレイヤーを重ね合わせて表示することも、たかが20年前にはできませんでした。例えばAR端末の「Google Glass」など、最新テクノロジーとコンテンツはセットで使われます。今Googleでのデバイス開発はどのような状況なのでしょうか？

川島　少しずつ進化していますね。ただGoogle Glassのローンチ時は、まだ社会の方に受け入れる準備がなかった。その後Pokémon GOができ、一般の方や子どもでもARについてなんとなくは分かるようになりました（pic.3）。

だから今では、Pokémon GOがなかったら一般には理解されないことがたくさんあります。そういう認知が重なると、現実世界にデジタル情報を重ねることへの違和感が緩和されていく。それと並行してデバイスも日々開発されます。いよいよ、そんな世界が受け入れられるタイミングにきていると思います。

浜田　本来、ゲームは目的達成型だと思っています。一方でIngressやPokémon GOは、目的達成というより、身の回りの見方をも変えてしまう作用がある。何かしらの価値を実験的に発見できるという気づきをもたらしてくれました。目的的というゲームの特性から少し外れ、日常を変えていくような可能性を当初から考えられていたのでしょうか？

川島　もともとゲームにはそういう目的的な側面があります。例えば、親が子どもに対して宿題のご褒美をつくることもゲームです。ただ子どもは、ご褒美をきっかけに勉強自体が楽しくなる可能性もある。または娯楽で見ていたYouTubeで、勉強になるチュートリアルを見つけることもあります。つまりきっかけが何であれ、そこから新しい価値をどんどん見つけていけることがおもしろいと思っています。我々はそういう可能性を目指してきました。

◎インビジブル・ゴリラ

川島　「普段人は身の回りを全く見ていない」ことの象徴的なエピソードがあります。ある実験で、被験者たちがバスケットボールがパスされ続ける動画を見て、そのパスの回数を数えるというものがありました。その動画では、途中でゴリラが登場するんです。しかし被験者たちはパスのカウントに集中していて、ゴリラに気づいていなかった。この結果から分かるのは、多くの人は身の回りの世界をほとんど見ていないということです。自分ではすべて見ているように思っていても、何かに集中していると、目の前で起こっていることにすら気づかない。狭い画面の中でもそうなのだから、現実世界である街や都市ではもっと気づかないでしょう。毎日通っている道でも、見ていない部分が相当あります。

浜田　Ingress や Pokémon GO は、今まで全く見ていなかったことに気づくきっかけをもたらしたわけですね。

川島　そうですね。観察の解像度が上がっていくと、自分の身近にある価値に気づきはじめます。例えば長らく地元にコンプレックスを持っていたあるプレイヤーの方は、Ingress を通して地元のおもしろさに気づき、今では誇りになったと言います。スマートフォン片手にまずは外に出て、少しずつ歩く。歩くことで、街のよいポイントに気づきます。そうやって自分自身の変化にまでつながると、次第にゲーム自体はどうでもよくなり、アプリすら開かなくても街の価値を見つけられるようになる。結果、街やひいては世界全体が巨大なポータルになっていきます。

クマ　Ingressをやったとき、僕自身も街の見え方が変わりました。「得体の知れない彫刻がこんなにたくさんあったんだ」とか「この水道の蛇口ヘンだな」とか。これまで透明に見えていたんだと気づいたんです。

川島　そういう気づきをきっかけに、「じゃあなんでこんな蛇口の形なんだろう?」と考えはじめれば、その土地の歴史が見えてきて、街の見方の次元が変わり、自分なりの味わい方で価値を発見できるようになりますよね。

◎メタバースと動きたくない欲

浜田　以前社会学者の鈴木謙介さんが、現代のウェブ社会を「多孔化した現実」として捉えていました（注：『ウェブ社会のゆくえ』鈴木謙介、ＮＨＫ出版、２０１３）。ウェブやモバイル機器によって、どこにいても場所を越えてつながる孔があいていて、「ここにいる」ことに対する意識がどんどん薄まっていく。歩きスマホなどはその代表例だと思います。そんな社会的文脈の中で、Ingress や Pokémon GO は「ここにいる」ことをより強く認識させてくれます。

川島　メタバースやVRなど技術がより骨太になる中で一層大事になるのは「時間」だと思っています。現代は時間をどこに割くかが多様化し、「今ここにいる」ということは希薄化している。もちろん障がいなど何かしらの事情がある方には福音ですが、実際の場所に行ける選択肢がある中でメタバースの世界を選ぶ人が増えることは、本質的に健全なのでしょうか。

インターネットは少しでもユーザーの時間を取り合おうと開発され続けています。そういう状況でメタバースも進化しているので、少しでも長くメタバースの世界にいさせたい。そのとき、現実世界の素晴らしさを実感したり、または現実にある課題を解決する時間すら減っていくのではと危惧しています。

クマ　その影響は建築設計の領域にも及んでいると実感しています。実際、最近は「メタバースやNFTと絡めて設計してほしい」という依頼が多いんです。ただ僕自身は、建築を通して実際の場や都市に還元していくことに関心があります。

川島　今は、メタバース肯定派が本流でしょう。人間は弱い存在なので、動かなくてもよいと言われたら動かずに怠けたい。メタバースの中で時間を使い、動かなくても満たされるのであれば、それを受け入れていきます。

一方Nianticはデジタルテクノロジーをもろに活用していますが、実際はその本流に抗っているところもある。ネットで注文すれば玄関まで届けてくれる時代に、わざわざ外に出させ、歩かせ、面倒なことをさせている。そこであえて近所の店に寄り道してみてほしい。それはこの時代において簡単なことではなくなりました。僕たちはそこを模索しています。

クマ　最近はスマートシティの構想などがたくさんありますが、どれも「スーパー・コンビニエントシティ」という感じで、あまり魅力的に思えないことが多いです。

川島　そうですね。街には、住民たちが自ら価値を生み出せる余白をたくさん用意した方がよいと思います。性悪説に則ってデザインすると、「あなたたちはこう動きなさい」と住民を信頼しないことが起こりがち。その結果、安全に安全を重ねて窮屈になります。しかしあえてそこに挑戦し、もっと住民を信頼し、好きにやっていいよと受け渡した状態で街をつくったら、可能性が開かれていくと思います。

浜田　「欲望」は一つ重要な側面だと思いました。「動きたくない」「引きこもりたい」という欲望がより一層強まる時代において、IngressやPokémon GOは外に出たくなるという欲望を引き出し、実際に多くの人を外に出すことができている。川島さんたちはこれからも人間の欲望のせめぎあいにアプローチし、どんなふうに日常を変えていくんだろう、と期待が高まります。

◎超芸術トマソンからはじまった

クマ　川島さんが今のようなお考えに至った経緯には、どんなことがあったのでしょうか？

川島　高校時代、よく授業をサボって美術室に遊びに行ってたんです。今も付き合いのある美術の先生は、僕がサボっていると知っていても教室に戻りなさいとは言わず、音楽や本のことなどたくさん話をしてくれました。そのとき教えてもらったことの一つに、赤瀬川原平の「超芸術トマソン」があったんです。トマソンとは、例えば建物の横に取り残された無用な階段などを指しますが、それを知ったとき「これはいったい何なんだ」と思いました。それ以来トマソンを探して街を歩くようになりました。それがおもしろくて、今に続く原体験としてあります。街のおもしろいもの探しに価値を見出したきっかけです。

そしてその後Googleに入り、Nianticに出会うまではデザイナーをしていましたが、Nianticに入ったときに、その原体験が蘇りました。トマソンは無駄なものだけれど、見る人にとっては価値がある。見る人によって価値が示され、共感数が増えると価値が現実になります。街でそれが実現されているのがいいなと思いました。

クマ　我々世代はトマソンを本で知りましたが、最盛期の当時は路上観察学会を筆頭に多様な人が街を観察しトマソンを共有していて、とても楽しかっただろうなと思います。

それが今ではゲームになり、感想を共有する場としてイベントなども開催されていますよね。プレイヤーたちが集まれる機会が定期的にあるのは素晴らしいです。

川島　ちょうど先日もシアトルでイベントがありました（pic.4）。6～7万人ほど集まってくれて、さまざまなポケモンの位置情報を共有しながら、そこに向かって歩いていくんですよね。プレイヤーたちにはポケモンが見えていて、そこにいるという感覚を共有しているわけです。そういう点が拡張現実の体験としては極めて大切で、その感覚を高めていくと、街の見え方が一段ずつ変わっていく経験につながると思います。

クマ　画面にいるポケモンのｂｉｔ数は低いけれど、プレイヤーはそれを脳内で補って理解できるわけですもんね。その想像力が人間のおもしろいところだと思います。

◎幽霊的なる拡張現実

浜田　最近たまたまホラー映画を見たのですが、不思議と「ＡＲみたいだな」と感じました。つまり「霊感のある人には見える」ことと「デバイスを持っている人には見える」ことがリンクしたんですよね。イベントに集まった7万人にはポケモンが見えている。対象へのそういう信念が、現代の霊的なる見えないものの世界をつくり出していると思います。

川島　幽霊とNianticのつくる拡張現実には似たところがあります。例えばPokémon GOでは、山には山、海には海、砂丘には砂、と現実世界の特徴に合わせたポケモンが出ます(pic.5)。そうすると人間の想像力が強烈に発揮され、より現実感を持って捉えるようになる。一方の幽霊も、人間が周辺環境のさまざまな要素を感じ取って、想像力が何かしらの像をつくるわけです。何もないところに幽霊は出ない。出るっぽいところに出る。それこそが人間の脳のおもしろさで、その特性をうまく活かしたいんです。きっと建築のデザインにもつながる話だと思います。

浜田　「ゲニウス・ロキ（地霊）」とは、土地には何かが宿っていると考える思想です。それとNianticの思想は、つながりがありますよね。

川島　中沢新一さんの『アースダイバー』（2005、講談社）では、縄文時代に墓があった場所に今も墓場があることや、昔の豪族が立派な屋敷を建てた場所に今東京タワーがあることなどが書かれています。お地蔵さんが象徴的ですが、地形条件も複雑に絡み合いながら、長い歴史の中で多くの人が「ここに地蔵があったらよい」と判断して置かれている。何か土地の力を感じているんでしょうね。そういう土地の力とIngressやPokémon GOが紐づいていることがおもしろいと思っています。

クマ　IngressとPokémon GOが異なるのは、後者の場合は本当に多くの人がポケモンのストーリーを前提として理解している点だと思いました。だからこそ、「ここにはあのポケモンがいそう」と思うことで、土地の見方の解像度が上がっていくのが象徴的です。

◎誰のアイデアでつくる？

川島　２０２１年にローンチした「Pikmin Bloom」では、現実の空港から「飛行機に乗ったような装飾のピクミンの苗」、美術館からは「額縁を持ったピクミンの苗」が出てきます。その上、飛行機も額縁も種類があるので、全部コンプリートしたくなって何度も空港や美術館に行ってしまう。歩くことにますますフォーカスしたゲームです。

クマ　アプリ開発のチームビルディングはどのようにされているのでしょうか？例えば建築家の設計事務所の多くは、ボスがいて、所員はその世界観をつくるという構図なので、トップダウンになりがちです。Nianticが手がけられているゲーム自体は、プレイヤー自身も関われるようある種ボトムアップ的に構築されていると思いますが、その前段階の企画の骨子となる部分などが、どのように生まれてくるのか気になります。

川島　全体的にボトムアップ／トップダウンの程度はまちまちですが、月に一度、ＣＥＯのJohn Hankeを交えてレビューをします。そこで、方向性について話すんです。

Pikmin Bloomを動かしている東京スタジオでは、何をすべきかが共有されていて、比較的ボトムアップ的につくられていると思います。それぞれアイデアを出し、一方でJohnからもアイデアをもらいます。

Pikmin Bloomでは人が歩くと花が植えられていくのですが、いま私たちがいる場所は、道が見えないくらいたくさん咲いています（pic.6, 7）。ここから、人がどこを歩いているのかが間接的に分かります。花を植えるアイデアはJohnによるものですが、それ以外は別のメンバーが出したり、ピクミンの開発者である任天堂さんからもアイデアをもらっています。

浜田　他のゲームと、プレイヤーの違いはありますか？

川島　２０２１年のPikmin Bloomのイベントには、想像を超える1万人弱の方にお越しいただき、驚いたことに女性の参加者がとても多かったんです。しかも従来のプレイヤーたちのようにＳＮＳで熱心に発信するのではなく、むしろこれまでゲームなどしたことがなかったような方々です。けれど、Pikmin Bloom で花を咲かせるのが楽しくて、当日も多くの方が参加してくれました。ゲームプレイヤーの新たな層にタッチできたなと思います。

◎拡張世界が変えた現実空間

クマ Ingress や Pokémon GO などが、フィジカルなものを変えてしまった例はありますか？

川島 １日１００歩も歩けないような病にかかっていた方が、友人に勧められて Ingress をはじめ、歩ける距離が増えたとお礼を伝えに来てくれたことがありました。イギリスの方からのお手紙では、17歳まで人と関われず引きこもりだった自閉症の娘さんが、Pokémon GO をはじめてから自ら外に出るようになり、周りの人たちと交流するようになったと。そういうエピソードが本当にたくさんあります。

また、都市のイメージが変わった事例もあります。海外のとある街に、自殺の名所として有名な崖状の階段がありました。ある日その建物の管理をしている方から連絡があり、Pokémon GO が生まれてから自殺がなくなったと言うんです。そこはレアポケモンが出現する場所になっていて、朝も夜もプレイヤーがいるから、自殺志願者は飛び落ちることができなくなった。人を動かし、都市の問題を解決できると感じました。

浜田　Pokémon GOをきっかけに、街の中でゆるいコミュニケーションが実現され、それが可視化されていくと、そこにある種健全なコミュニティができるということですね。

川島　僕自身、人はきちんとコミュニケーションをとっていれば誤りを犯さないという信念を持っています。例えば今の政治的状況も含め、中国人は日本人を憎み、日本人は韓国人を憎んでいる、などと言う人がいます。しかし実際そういう人は、中国や韓国に行ったことも話したこともない。実際に行ったり現地の人と話したりしたら、そういうことは言わなくなります。

それは街でも同様です。まずは、コミュニケーションのきっかけが大事。先ほどの自殺の名所の例でも分かる通り、必ず話す必要はありません。ただそこにいるだけの、距離をおいたコミュニケーションでもよいんです。自殺志願者は一人だと飛び落ちますが、周りに楽しんでいる人がいると落ちることができない。「自分にもそういう未来があるかもしれない」と考え、踏みとどまります。

以前Johnに「どうやったら世界は変わるんだ」と聞いたとき、「人を外に出せば変わるんだ」と回答され、禅問答のようでした。当時は理解できませんでしたが、これは風が吹けば桶屋が儲かるようなことで、世界が変わるまでにさまざまなステップがあり、そのためにまずは人が外に出る必要があると気づきました。

クマ　僕自身アメリカに暮らしていたこともありますが、欧米と比べると日本は隣人とのコミュニケーション問題がとてもクリティカルだと思います。隣に住んでいる人すら知らない人が多い。僕はそこに課題意識があるので、今はシェアハウスなどを運営しながら擬似家族のような関係づくりを模索しています。必ずしも深い関係にならなくてもよいんです。川島さんはその関係づくりをゲームを通して都市スケールでやられている。

川島　今は孤立に向かっている時代。プライバシーに対する意識もここ数十年で大きく変化し、他人のことには立ち入らないようになりました。だから現在の都市も建物もそういう状況に合わせてつくられていて、隣の声は聞こえない、誰にも会わずにマンションの外に出られる、そういうことが求められています。その上仕事はフルリモートとなれば、人は家にこもり、次第に病んでいく。かつての長屋は近隣の声がたくさん聞こえて、そこで揉めごとも起こったりするけれど、同時にコミュニケーションが生まれていました。今、何が本当に快適なのか、改めて考え直す時だと思います。

◎「はじめてのおつかい」ができない社会

川島　Pokémon GOができて街に人がたくさん出たとき、海外では問題にはなりませんでしたが、日本社会では混雑が生まれました。公園一つとっても、海外の公園は広く、たくさんの人が集まっても支障ないですが、日本は狭い上に規制が強く自由に遊べない。うるさくするな、ボールで遊ぶな、走るな、とか書かれていますよね。

もっともっと人が街に出たときに、日本の街はそれを受け入れるようにはつくられていないのかもしれません。

クマ　日本の公園などの公共空間のルールづくりは本当に理不尽なものが多いです。一方で日本は安全でどこでも歩けて、道が公共空間になりうる可能性が他の国に比べて高いのではないかとも感じます。先日サンフランシスコに滞在していたときに、ホームレスやドラッグジャンキーが多くて、これは歩けないなと思いました。

川島　日本のバラエティ番組「はじめてのおつかい」が英訳されてNetflixで公開されたんですが、アメリカで大激論になりました。アメリカではあの番組のように子どもを一人で歩かせることができないからです。「虐待だ」と言う人もいれば、「これができる日本が羨ましい」とか、「自分が子どもの頃はアメリカでもできていた」とか。とにかくさまざまな意見が出ました。

そのときに、あの番組の舞台は地方社会だと気づきました。地方ではできるけれど、日本の都会では車をはじめとして危険が多い。もはや日本ですら、はじめてのおつかいは成立しづらくなっています。

浜田　今はテクノロジーによる監視社会が強化されようとしています。ただあの番組からは、周辺の人間たちが見守り合う社会は実現できると学べますよね。先ほどの自殺の名所の話とも関連しますが、皆が楽しんでいるハッピーなオーラが街にあれば、皆で子どもたちを見守る社会をつくることができる。

川島　少し理想論かもしれませんが、最近はデジタルから現実社会に影響をもたらすことを考えています。例えばPikmin Bloom上で花が咲いていない地域は、つまり人の流れがないということ。なぜ人の流れがないのか気になって行ってみたら、デジタル上では花が咲く。そうやって行ってみる人の数が増えれば、人の流れが徐々に変わり、その後地域自体が変わりうるのです。結果、デジタルに花が咲いているだけではなく、現実社会にも花が咲くかもしれない。

◎プレイヤーと二人三脚でつくる

クマ　Niantic と Google は今も連携されているのですか？ビッグデータの共有なんかもされているのでしょうか？

川島　関係性としては Google が Niantic の少数株主で、独立した会社です。データは共有していませんが、僕たちが Google から独立するときには、さまざまな便宜を図ってくれました。Pokémon GO をローンチしたときには、GoogleCloud のチームが社内に Pokémon GO チームをつくり、「古巣の仲間たちを助ける」とハードを交換するレベルでサポートしてくれました。大変ありがたかったです。

クマ　では Niantic が得られているビッグデータはどのように活用されているのですか？

川島　今公開準備中の「LigntShip」というプラットフォームでは、Niantic が持っている3Dデータや AR 技術を活用して誰でもアプリを作成できます。多様なクリエイターがそれを使ってくれています。

浜田　例えば公園でプレイヤー同士の直接的な会話が生まれていることなど、実空間でのアクションとして仕掛けられていることはありますか？

川島　プレイヤー同士の交流は、結果そうなればよいなと思っていた程度で、戦略的に考えていたわけではありません。そこがおもしろいところだと思います。アプリをつくり、人々が動き、つながる、という過程で本当にたくさんの気づきがありました。とくに人間の無限の想像力には驚かされるばかりです。そこは僕たちがデザインしているのではなく、楽しませてもらっているところ。なるべく余白をつくり、そこから何が生まれてくるのかを楽しみにしています。遊び方を固定するのではなく、プレイヤーたちと二人三脚でつくっているイメージです。

実際、Pokémon GO のイベントでは毎回とても勇気をもらいます。例えば「僕たち Ingress で出会って結婚したので婚姻届にサインをしてください！」とか、イベントのステージ上でプロポーズしたりとか、プレイヤーの結婚式に呼ばれたりしたこともあります。そういう一つ一つのつながりが嬉しくて、プレイヤーとの距離の近さをこれからも大切にしたいと話しています。

クマ　世界中で熱狂している人がいるのはすごいことですよね。

川島　さまざまな国や地域に行くたびに、山のようにプレゼントをいただきます。皆、自分の街が好きなんです。

Ingress の一コンテンツである「Mission Day」というイベントでは、ミッションを達成するとスタンプラリーのようにメダルが取れます。手を挙げたプレイヤーが自治体や商店街と交渉・協力してミッションをつくり、イベント化して、Nianticは広報だけ担当する。そういう企画に3000人とか集まるんですよね。企画者たちは本当に自分の街が好きで、自分の街に来てほしがっている。すると遊びに来た人が次は自分の街で企画して、どんどん派生していきます。

最近は日本の地方自治体から「どうやったらこの街に人が来てくれるでしょうか」と相談いただくこともあるのですが、いつも「いやいや、むしろ先に行きましょう」と話します。例えば台湾の街に行って、現地の職員とコミュニケーションを取る。そうすると「来てくれたから」と言って次は彼らが訪問してくれる。まず自分が行くことからはじめる方が、よいつながりが生まれる可能性があるんです。

クマ　つくられている世界はスマホの中のゲームコンテンツであっても、川島さんの都市への身体感覚やリアルなファンからの声を通じてそれがアップデートされていくことで、生き生きとしたパブリックな景色がつくられているようすがよく分かりました。

浜田　Pokémon GOのイベントに参加するプレイヤーは、単なるプレイヤーを超えてファンになっているところがすごいと思いました。まるでファンイベントやライブに行くように、そのファン同士のコミュニティも生まれていますよね。自宅近くの街に出るだけでなく、旅をするきっかけにもなっています。このきっかけがなかったら絶対に行かなかったような場所にプレイヤーが移動して、その地域の資源や環境に触れる。メタバースがどんどん普及していく中で、物理的なパブリックスペースが身体性を伴って拡張され、交流が生まれていることに可能性を感じました。

演劇

身振りによって可視化する公共圏

高山 明

演出家（Port B）

Theater

Akira Takayama

1969年さいたま市生まれ。演出家・アーティスト。演劇コレクティブPort B(ポルト・ビー)主宰。既存の演劇の枠組みを超え、実際の都市を使ったインスタレーション、ツアー・パフォーマンス、社会実験プロジェクトなど、現実の都市や社会に介入する活動を世界各地で展開している。近年では、美術、文学、観光、建築、教育といった異分野とのコラボレーションに活動の領域を拡げ、演劇的発想を観光や都市プロジェクト、教育事業やメディア開発などに応用する取り組みを行っている。東京藝術大学大学院映像研究科教授。著書に『テアトロン－ 社会と演劇をつなぐもの』(河出書房新社)など。
http://portb.net/
https://linktr.ee/portb

pic.1

pic.2

pic.3

pic.4

pic.5

pic.6

pic.7

都市を舞台に演劇を制作されている、演出家の高山明さん。高山さんの作品は体験なしに説明することが難しいが、知っている風景を、演劇によってがらっと変化させてしまうことに建築家として可能性を感じている。そこには建築や舞台セットというハードなものがほとんど介入することはない。高山さんの言葉を借りれば、「都市に出会いなおす」ということ。都市を歩き回り、その場所の特異性をリサーチしながら、そこにあるべき公共性を提案する高山さんのアプローチから、多くの学びがあった。(クマ)

◎公共空間と公共圏

高山 『オルタナティブ・パブリック』という書名をお聞きしたとき、以前、隈研吾さんがお話しされていたラトゥーレットの修道院のことを思い出しました。ヨーロッパの街では、中庭が公共空間・社交場として機能していますが、ラトゥーレットでは中庭であるはずの空間が空っぽだと。一方そこには建物同士をつなぐ道が通っていて、その道ですれ違うことがこの場での公共性かもしれない、というお話しでした。

クマ 建築家が公共空間をつくるとき、要求された空間をつくった結果、無駄なスペースを生み出しているということがあるんです。その点、ラトゥーレットの修道院にある道は、もしかしたら公共空間の創出としてとても有効な解になり得るのではないかという話だったと思います。今回高山さんにお話を伺うにあたり、演劇ともう一つのテーマを「道」にされたのはその辺が背景なのですね。

高山 「公共(Public)」には、「公共空間(Public Space)」と「公共圏(Public Sphere)」の二つが含まれていると考えているのですが、「オルタナティブ・パブリック」にはどちらも内包されていると思います。公共空間も公共圏も相互的で、どちらも社会に必要なものです。建築家の間では前者の議論が多いかもしれませんが、私自身は演出家として、後者の方を考えてきました。公共圏をどうつくるかと同時に、公共空間を出現させられるかもしれないと思っています。

浜田　公共空間についてはは理解できるのですが、公共圏について、もう少し詳しくお聞きしたいです。具体的なプロジェクトをご紹介いただけますでしょうか。

高山　２０１０年のプロジェクト「完全避難マニュアル　東京版」がその一例です。90年代のベストセラー『完全自殺マニュアル』（鶴見済著、１９９３、太田出版）の書名を借りつつ、自殺よりも避難した方がよいという意図で立ち上げたんです。

そこで山手線を、東京の公共圏と捉えました（pic.1）。公共圏とは、人々のふるまいや所作がつくりだすパブリックな圏域。僕らなりに言い換えるなら、身振りのレイヤーやネットワークのことです。山手線では1、2分おきに電車がきて、昼寝しているだけで1時間後には元の駅に戻ることができる。

ただ、あるときから一周1時間では到着しないことが増えた。なぜなら人身事故が増えたからです。それが、寸分狂わずに進んでいた東京の時計を止めてしまう。そのときに、数分遅れただけで困ってしまう自分の身体感覚や時間感覚に気づきました。そこで、東京の時間感覚とそれ以外の時間感覚を一緒に考えてみたい、と思ったのがプロジェクトのスタートです。

クマ　確かに東京で生活していると、とても単一的で効率的な時間感覚を知らず知らずのうちに強いられているかもしれません。一方で僕自身地方に行くと、全く違う時間感覚になります。

高山　そうなんです。それならば、東京の山手線的な時間感覚からどう脱出するか。プロジェクトでは、まず最初にウェブサイトで「夢を見ますか」「遅刻をしますか」などの質問が投げかけられます。それに答えていくと、山手線のひと駅がおすすめされる。たとえば大塚駅の場合、表示される地図の指示通り行くと、そこがイスラム教のモスクだったりするわけです。もちろん各スポットには事前に伝えているので、そこでイスラム教徒たちが参加者を歓待してくれる（pic.2）。そして彼らからイスラム教についてレクチャーしてもらったり会話をしたりしながら、これまでのイスラム教の印象がガラッと変わっていく。

渋谷駅の場合は、まず東急ビルの頂上に誘導し、そこの管理小屋で地図を受け取ります。その地図の指示通りに歩くと宮下公園にたどり着く。そこで目にするのは、路上生活者の方々が公園の外側で生活しているようすです（pic.3）。

そうした場面を見ることで、「自分たちが暮らす東京ってなんなんだろう?」と考えるきっかけになればと思いました。そのように山手線の各駅から「避難」して、普段は交わらない他者と出会う。同時に、本来は会場の規模で人数が制限されてしまう演劇作品を、

1万人規模で考えることができました。

浜田　演出作品としてはかなり挑戦的だったと思います。世間からはどのようなリアクションがありましたか？

高山　当時は「これを演劇作品と言えるのか」と非難されました。そのときに、都市で演劇を展開するポイントを考えたんです。

●参加者に身振り（行動・アクション）を模倣してもらう

今回の場合は「避難」という身振りを設定し、参加者に模倣・インストールしてもらった。人の身振りをどうコントロールするかは、演劇の根本にある議題。

●参加者による身振りの反復と共有が起こる

次第に参加者たちが自分たちを「避難民」と表現するように。これこそ、自分の身振りを「避難」と位置付け「演技」していることの表れ。

●公共圏が出現する

最終的に、避難民である参加者たちが自ら「避難所」をつくりはじめ、コミュニティが生まれていった。既存空間は何も変わっていない。山手線からの不可視な迂回路が出現、これこそが公共圏。

クマ　おもしろいですね。この3つが連鎖していけば、都市を舞台に演劇が実現可能だと。

高山　西洋演劇の起源とされている、アテネのディオニューソス劇場は、1・7万人ほど収容する規模で、アクロポリスの斜面が客席（テアトロン）になっています。だから観劇中に街が思いっきり見えるんですね。それはそれは感動的です。しかし当時ここに入れたのは、アテネ生まれの成人男性だけでした。つまり彼らが街の代表者とされ、観劇は政治参加を意味したんです。劇場が公共空間でも公共圏でもあり、ここで「市民」がつくられていったけれど、それは排除と動員のシステムに基づきます。

つまり演劇が芸術から公共性のあるものに再び戻るには、ただ舞台上で社会問題を伝えるだけではなく、本当の演劇（テアトロン＝客席）、もしかしたらありえたかもしれない「パブリック」を皆でつくる必要があると思っています。毒にもなれば薬にもなる排除と動員のシステムを自覚的に用いながら。

浜田　なるほど。そもそも演劇史を見つめ、その成立過程、立脚点に疑問を投げかけるのは確かに重要です。

◎難民、DAO、道型の演劇

高山　世界での難民問題は２０１４年からはじまり、その後はあらゆる駅や街の景色が変わるほど難民が増え続けてきました。僕自身は難民とプロジェクトを進めるにあたり、舞台上で難民が悲劇を話し、客席で裕福な白人たちが観劇する方法はとりたくなかった。そこで思いついたのが、建築家セドリック・プライスによるアンビルドの都市計画案「Potteries Thinkbelt」です。かつての陶器の生産地が衰退し、残った陶器運搬用の線路を大学にする計画でした。陶器の消費地である大都市と、陶器の旧生産地である小さい街の間の移動経路が敷地です。

これを難民問題に置き換えると、かつてギリシャの古代遺跡などを大英博物館やペルガモン博物館に運んだ、剥奪のルートが見えてきました。しかし今はそのルートを通ろうとする難民を拒んでいる。よいときだけもらい、困ったときには遮断するのでよいのかと思います。

クマ　世界スケールの難民問題という大きな社会問題を、どう演劇に落とし込んだのでしょうか？

高山　難民が避難時に通った街のマクドナルドを借りて、「マクドナルド放送大学」というプロジェクトをはじめたんですね（pic.4,5,6,7）。店舗ではポータブルラジオを使って、難民がリスナーに対して知恵や生きる技術をレクチャーします。

例えば、ガーナ出身のマラソンランナーの難民は、マラソンについて話してくれました。一般的に難民は避難先でのアイデンティティが「難民」だけに削り取られ、母国でしていたことは一切無関係になります。避難先の国の言語でレベルを分けられ、一方向からの同化のプロセスに従うしかありません。僕はそれを避けたかったんですね。

ではなぜマクドナルドか。普段劇場や美術館に行くような富裕層はマクドナルドを「グローバル企業の象徴だ」とか「健康に悪い」などと軽蔑することがあります。一方で、マクドナルドの店内はとても多文化です。とすると、劇場や美術館とマクドナルドのどちらがより公共的なのでしょうか。

僕は、極端な話、未来の劇場や美術館がマクドナルド店内の客席のようになってほしいと思っています。そしてポータブルラジオという形式によって、多くの人が出入りする公共空間に、一部の人だけに聞こえる公共圏が生まれた。「避難マニュアル」と同様に、別のレイヤーをつくることで公共圏を出現させました。

浜田　おもしろいです。たしかに劇場や美術館はハイエンドなものでもあるので、マクドナルドという普遍的な場所を舞台にすることで、それまでとは違う演劇界隈のコミュニティが創出されてきそうな感じがします。

高山　そうですね。最近はＤＡＯ（Decentralized Autonomous Orgnization）という自律分散型の組織のあり方がヒントになると思っています。仮想通貨を使ったもので、今後もしかしたら資本主義に変わるかもしれないと期待する人までいる新たな仕組みです。

たとえば、今だと国際交流基金という母体が出資先のアーティストを選びますが、実際誰がどのようなプロセスで選んでいるのかは不透明です。しかもある程度実績のある人しか通らない。でも本来はアイデアだけで勝負できるような基金が必要です。そこでＤＡＯなら、情報がブロックチェーン上にのり、透明かつ改ざんできない状態になります。仮想通貨、トークン、投票券、あらゆるルール設定が集合知で決められる。知らない審査員にだめだと言われるより、皆の判断でだめになった方がまだ納得できるのではないでしょうか。このＤＡＯをアジアの公共圏に被せることができたら、おもしろい。

難民や亡命者もアイデアをたくさん持っているので、それをおもしろがる人がいれば、それで基金からお金が降りる。そういう仕組みの方が、助成金または投資家のお金でやるよりも、よっぽど民主的で、若い人、何も持たない人にも開かれたプロジェクトが実現できると思います。

クマ　たしかに今は地方創生とＤＡＯがつながる時代ですし、そこに演劇もつながってくることは想像できますね。

高山　ＤＡＯという音は、道（タオ、ダオ）にもつながります。これがヨーロッパ的公共圏のカウンターとして、アジア的な公共圏として成立するのではないかと思っています。前者はギリシャ古代に代表されるように荘厳な劇場があり、そこに一部の人が動員されてきました。一方後者は、そもそも生成変化していくことが自然や人間社会のあり方だという考えで、そういうしなやかさのある道のあり方を模倣できたらなと。ＤＡＯと道が混ざり合うようなイメージで演劇ができたらおもしろいと思ってますね。

◎行きよりも、帰りのための演劇

クマ　プロジェクトをつくるとき、どんな過程、どんな視点で考えられているのでしょうか？

高山　「完全避難マニュアル」では、「空間をつくってないじゃないか」「オリジナリティは何だ」と批判がありました。でも僕はあまりオリジナリティを信じていなくて、どちらかと言うと模倣ですね。その上でどれくらい工夫しているかが大事なんです。

芸術家のデュシャンが便器を美術館に移しただけの作品「泉」に代表される「レディメ

イド」や、街に散らばっている看板、標識、記号、お札、ポスターなどを絵画にした「ポップアート」。どちらも場所を変えただけで、モノ自体は変わっていない。でも内容は全然違っています。

どこに移せば、どの文脈に置けば、今まで知っていると思っていたものが、全然知らないものとして自分に迫ってくる体験が生まれるか。それを考えています。

クマ　高山さんのプロジェクトは、すごいだろ！と見せて終わるのではなく、その上で「もしかしたら自分にもこんなことができるんじゃないか」と思わせてしまう。そういう巻き込んでいく状況が、パブリックだと思っています。

高山　観劇は、真っ暗な環境で、いい椅子に座って、スクリーンだけが目に入る状況が一番集中できるわけです。しかしギリシャ時代の観劇は、1日に数本も舞台を見て、その背景に街が見えている状態でした。それだと雑音も入るので当然集中力は落ちます。これはどういうことか。普段の街のことを考えるのにつながるわけです。

演劇は舞台の後ろに壁を立て、さらにVRのように目元だけで完結させることも生まれてきました。脳みそ、目の粘膜だけで知覚し、どんどん閉じていく。その方が集中も、体験の強度も上がるかもしれません。

きっと近い将来にVRも軽量化され、身体的な無理もなくなるでしょう。するとますます没入感は上がる。人間は、舞台に背景をつくってそこだけで完結することを目指してきました。外側には何もない。これが近代演劇の完成です。
それに反対し、後ろの壁を取っ払って、壁の向こうにある街に、普段とは違う頭の使い方、体感で、出ていくためには、どうすればよいのか。その舞台があまりにもショッキングだったり、おもしろすぎたりして、純粋に観客がそれだけを楽しんでしまうものでは困るので、興奮しないくらいの内容にしています。演劇の見せ物として、自立して成り立ってしまうものを極力抑えようと。

クマ　それはつまり、マクドナルドのような現代の普遍的な空間に、舞台性を見出しているということですよね。何かしら弱い舞台性がないと成立しない。ここは舞台になりうるんじゃないかということを、舞台以外のところに見出されている。

高山　散歩でも旅でも、行きと帰りがありますよね。さらには人生にも。たとえば憧れの人がいて、その人のようになりたいという状態は行きであり往です。周りなんか見ないでぐんぐん進んでいく。でもだいたい憧れにはなれない。憧れに届かなくて、自分はだめだと絶望する。それでもと来た道をとぼとぼ帰ってくる。帰りは悲しくて、落ち込んでしまうこともある。世界から疎外されてしまったわけですから。でも勝負はそこから。
帰り道に何を見つけ、どう自分のものにするかです。行きだけがおもしろいものへの警戒感がありますね。それは誰かしら他の人がやる仕事なので、むしろ帰ってくることが大事。どう帰ってきてもらえるかを常に考えています。

クマ　目的となるものをつくるのではないということですね。たしかに、行くときはわくわくして、何があるんだと期待を込める。そこで感じて、家に帰るときの間に、何か考えることがある。帰り道の方が時間感覚が変わる。今までの日常みたいなものが少し違って見える。「完全避難マニュアル」でも、通常知られていない場所を開かれた場所に位置付けを変える。そのセレクションにオリジナリティが現れていると僕は思います。

◎空気に気づく

高山　若いときは、いかに自分の想像力やオリジナリティを鍛えるか必死に考えていました。もっといけるはず、やっぱりだめだった、の繰り返しです。それであるとき何もつくれなくなってしまった。そのときに眠れなくなって、ふと窓を開けたら、そこに世界があった。それに感動して、つくる必要がないと気づきましたね。むしろ、そこにあったものに気づくことの方が難しい。

浜田　「そこに世界があった」と気づかれたのがとても印象的です。その瞬間はきっと、自分のオリジナリティや、理念みたいなものを凌駕するものだったのではないでしょうか。

高山　言葉や概念をこねくり回して考えている状態がむしろじゃまで、それをうまく解きほぐし、最後は言葉すらも失ってしまうような意識づくりがあるとよいと思っています。空気に気づかせるのは至難の技なので、せめて自分の日常や自分の体験が違って見えるようなことを考えようと。そのためにはあまり強烈なパフォーマンスがない方がよいと思っています。パフォーマンスが強いと結局それに全部持っていかれてしまいますから。

クマ　以前、高山さんの演劇はオンラインではやりづらいとお話しされていましたよね。一般的な演劇ならオンラインでも内容は分かる。でも高山さんの演劇は空気の受容が大切だからだと思います。オンラインと対面とで、話の入り方が全然違う感じです。体感しないと分からないコンテクストによって成り立っているような。一点おもしろいなと思ったのは、高山さんの演劇は山手線や、ストリートカルチャー、道、Thinkbeltなど、リニアなものが多いということです。

一方でPokémon GOを開発された川島さんの視点はとても面的だと思っています。このようにアウトプットの状態は両者で異なるけれど、現実とは違うレイヤーを重ねる、オルタナティブなパブリックが生まれていく、という点では共通している。高山さん自身、線から面への展開は考えられているのでしょうか？

高山　関心はあります。そもそもなぜ道に興味を持ったかというと、狭い稽古場を借り続けるのが金銭的にもルール的にもおかしいと思ったことがきっかけですね。当時は、より広い稽古場を借りるために死に物狂いでお金をつくらなきゃいけない状況だったんです。そのときに道を主人公にすればすべて解決されると思いました。それなら稽古場が必要ないし、ずっと室内にいる必要がなくなる。もっと自由な方法を編み出したいと思って、道を舞台にしました。最初は、稽古の合間によく散歩していた1km弱ほどの道を舞台にしました。道を歩くだけの演劇です。

クマ　先ほどのお話では、演劇の成り立ちは、ヨーロッパは没入型、日本は道だったとのことでしたが、一方でストリートやフィジカルなパブリックスペースに関しては、欧米に豊かなものが多い。日本の場合はレギュレーションが多く自由がない印象です。街を歩いているときも、すれ違う人とのインタラクションは欧米の方が多い。

高山　『アジアン・コモンズ』（篠原 聡子著、2021、平凡社）の考え方では、ふるまいが空間をつくっていると。一般的な公共空間が、人のふるまいによってとても魅力的な公共圏になってしまうわけです。その点ヨーロッパの集合住宅や劇場などは、公共として与えられた空間でしかなく、そこにパフォーマーが出て行ったりすてきなカフェができても全部設られたもの。そこでどれだけ人が自由にふるまっているかというと、そうでもないかもしれないと。それよりもアジアが持っているもっと混沌としたデザインすらされていないものが重要だと思います。アートではなく、人々の生活が2倍3倍もその空間をよくしてしまうような、そういうあり方に注目したいですね。

クマ　建築的な視点では、家具などのモノが公共空間で果たす役割は結構重要で、それが街に溢れ出している状況はおもしろいと思っています。街でのコミュニケーションはヨーロッパでは景色としてありますが、アジアの場合はコミュニケーションだけじゃなくモノを伴うんじゃないのかなと。

先日ニューヨークに行った際は、屋外、特に車道への仮設的な飲食空間が増えていました。でもレギュレーションに基づいているのでぎこちない。アジアに見られるような、街へなじんだようすがなかったんですよね。

高山　ヨーロッパの場合はプライベートとパブリックの敷居が高いので、パブリックの空間にプライベートのモノをどんどん持ち込むことはあまりないと思いますね。それをルールとしている。一方で今僕はアジアや日本の独自性を今後どう見出していくのかを考えています。それを強調しないと、どうしてもヨーロッパ型の公共づくりを続けていくことになるからです。

広場に教会や市庁舎や図書館があり、市が立ち、大道芸人などもいて賑わいもある状態は、それはそれですごいのですが、そのように制度的な公共をつくるのではないやり方がほしいと思っているんです。アジア的な公共づくりにはチャンスが大きく広がっている。そこでの公共空間は、生活や振る舞いがつくり出す、生きた公共圏なのですから。

クマ　パブリックの定義として、公共空間と公共圏と分けて説明していただいたことで、高山さんの作品をより深く理解できただけでなく、オルタナティブ・パブリックを考える上で大きな手ごたえを得ることができました。もう一つのキーワード「道」は、その二つのパブリックを横断するので、建築家として建物をデザインする上でも、道に連続することを無意識に考えていたのはそこに由来すると納得しました。

浜田　アジアや日本の独自性ということでは、今回のキーワードでもある「道」は日本において パブリック空間でしたよね。井戸端、道端、というように端に場が生まれ、交流が生まれていました。ヨーロッパはどちらかというと中心性が重要だと思います。高山さんの作品を通して、道、端というところにオルタナティブ性や日本・アジア性を見いだされているように感じました。それはおそらく本来の目的ではない場所の端っこに自然発生的に生まれた公共空間とも言えるのかもしれません。

ビッグデータ

歩く都市の価値を裏付けるデータサイエンス

吉村有司

建築家（東京大学 先端科学技術研究センター）

Big Data

Yuji Yoshimura

愛知県生まれ、建築家。2001年よりスペインに渡る。ポンペウ・ファブラ大学情報通信工学部博士課程修了(Ph.D. in Computer Science)。バルセロナ都市生態学庁、マサチューセッツ工科大学研究員などを経て2019年より現職。ルーヴル美術館アドバイザー、バルセロナ市役所情報局アドバイザー。国内では、国土交通省まちづくりのデジタル・トランスフォーメーション実現会議委員、東京都「都市のデジタルツイン」社会実装に向けた検討会委員、第19回全国高等専門学校デザインコンペティション創造デザイン部門審査委員長などを歴任。主なプロジェクトとして、バルセロナ市グラシア地区歩行者空間計画、ビッグデータをもちいた歩行者空間化が周辺環境にもたらす経済的インパクトの評価手法の開発など。データに基づいた都市計画やまちづくりを行う、アーバン・サイエンス分野の研究に従事。

fig.1

写真提供（fig.1 ～ 2、pic.1 ～ 5）：吉村有司

fig.2

pic.1

pic.2

pic.3

pic.5

pic.4

データを用いたアプローチは建築の意匠設計の分野ではまだまだ遅れている。構造設計や設備設計などの定量化しやすい分野では、解析やシミュレーションの技術が日常的に用いられているが、意匠設計の対象となる人の行動にはまだまだ直観的なプロセスがほとんどだ。一方建築という単体から、都市に目を向けると、そこはデータの宝庫であると、吉村有司さんと話すと気づかされる。建築家である吉村さんは、目指すべき都市像を持ってデータを使っているからこそ、ただ最適解を探すアカデミックな研究者とは違う。今回のテーマ「歩いて楽しいまちづくり」は、公共空間を考える上で欠かせないトピックだ。これからの都市は、スマートで便利なだけでなく、ゆっくり移動して、周辺環境とのコミュニケーションが重要となってくるはずだからである。データは、都市という不特定多数が利用する空間を設計する上で必要不可欠なわけだが、そこにとどまらず、新たな都市の価値を提案するツールにもなりうるのではないか。(クマ)

◎なぜ、バルセロナは熱狂されるのか

吉村　僕のバックグラウンドは建築なのですが、博士号はコンピューターサイエンスの分野で取得しました。専門は、建築や都市計画、まちづくりの分野にＡＩやビッグデータをどう活かすかというテーマで、大きくは「建築家やプランナーにとって科学（サイエンス）とは何か？」を探求しています。２００５年からはバルセロナ市の都市生態学庁で歩行者空間化のプロジェクトに関わり、２０１２年からマサチューセッツ工科大学と共同研究をはじめて、２０１７年には本格的に研究を進めるために東海岸に移住しました。その後２０１９年に帰国しました。

浜田　バルセロナ市のまちづくりは、どのような点が特異なのでしょうか？

吉村　これからは歩行者中心のまちづくりの時代になると思っています。歩いて楽しく、公共空間が大切にされるまちとも言えます。そういう観点でいうと世界トップを走っているのは、ニューヨーク市とバルセロナ市だと思います。ニューヨークのハイラインは、有名なプロジェクトですよね。市内に放置されていた高架鉄道の撤去が決まったときに、市民の側から反対が起こり、空中庭園にするアイデアが出た。自治体はそれを受けて、市民と一緒にハイラインをつくりました。ボストンで暮らしていたときにはよく遊びに行きま

したが、まさに「ザ・ウォーカブル」といえる空間が広がっています。

クマ　僕自身ハイラインの近くで働いていたこともあり、よく散歩したり、ランチを食べたりしていました。チェルシーのジェントリフィケーションを加速させたとか、観光客しかいないなどの批判も聞きますが、あの長い距離を歩かせる建築的仕組みとしては革新的だと思います。かつ、鉄道インフラの再利用というのも素晴らしいですよね。

吉村　一方バルセロナのスーパーブロックの基本的なアイデアは、１８５９年にイルデフォンソ・セルダがつくったブロック（一辺１３３ｍの正方形）を９つ集め、それらブロック群の内側を歩行者空間に、通過交通は外側を走ってもらうというプロジェクトです。

日本でも歩行者空間化は実行されているのに、なぜスーパーブロックは世界的に評価され熱狂されるのか。その一つの理由として、規模の大きさがあると思います。スーパーブロックによって、バルセロナ市内の全街路の60％以上が歩行者空間になる予定です。では歩行者空間にすると、結果どんなことが起こるか。

一つはパブリックスペースが劇的に増えます。表面積では２７０％増えると試算されています。二つめは、空気汚染が減ること。三つめは、騒音レベルが下がることです。pic.1,2を見ても分かるように、街路がとても楽しそうに使われています。

浜田　歩行者空間と、吉村さんのご専門であるコンピューターサイエンスはどのように関わってくるのでしょうか？

吉村　今世界中の都市がウォーカブル政策を進めていますが、これまで「なぜ歩行者空間にするのか？」という重要な問いに対し、きちんとした答えはなかったんです。

たとえ建築家やアーバン・プランナーに問いかけても、「気持ちがよいから」「僕／私が好きだから」など抽象的な答えが返ってくることがほとんどだったと思います。ここにはさまざまな問題が複雑に絡み合っているのでなかなか一言で「なぜか？」ということは難しいのですが、一番大きな原因は建築・都市の分野ではこれまでデータを取得して分析するという文化がなかったこと、都市開発をした後にデータを用いて検証してこなかったことなどが挙げられるのではないでしょうか。

つまりは、我々建築家やアーバン・プランナーがビッグデータの扱いに慣れていないからだということは言えるかと思います。だからこそ僕は「歩行者空間とは何か」「なぜ必要なのか」ということを科学的に考えてきました。また、今の都市にはさまざまな考え方を持つ多様な人が住んでいます。そうすると、いままでのようにトップダウンで計画していくという方向性には無理がある気がします。

そこにはやはり、データという客観性を持ったエビデンスをベースに合意を形成していく必要があります。さらにいうと、専門家だけでデータを扱うより、それを市民に開き、皆で合意形成し、まちを育てていくことが重要だと思います。

◎市民と都市をつなぐ、データ活用

クマ　吉村さんが２０２２年に出された学術論文「Street pedestrianization in urban districts: Economic impacts in Spanish cities」（注：https://www.sciencedirect.com/science/article/abs/pii/S026427512100367X）は、「なぜ歩行者空間にするのか」という問いへのまさに答えですよね。

吉村　街路の歩行者空間化は、そこに立地する小売店の売り上げを上げるのか下げるのか。その問いにビッグデータを用いて答えました。このように言うと、学者がなにやら難しいことをしていると思われがちですが、この研究でもちいた手法はいたってシンプルです。具体的には、歩行者空間化の前後で、小売店の売り上げを比較した、ただそれだけなんです。僕たちの研究が先行研究と異なるのは、ビッグデータを扱っていることですね。一つの街路や一つのエリア、一つの都市だけにフォーカスするのではなく、スペイン中の全街路を対象にしました。

今回の論文では、共同研究という枠組みの中でＥＵやスペインの個人情報法に準拠しつつ、プライバシーの問題にも十分に配慮した上で売上指数データにアクセスできたこと、そしてOpen Street Mapから歩行者空間に関する情報を収集する技術が確立できたことが成果の一つになりました。Wikipediaの地図版とも言えるOpen Street Mapでは、一つひとつの街路に対して、幅や長さ、用途、などが属性情報として付与されています。皆でつくる地図データと言えるでしょう。そこから公益性が高い有益な情報をどう抽出してくるのか、それが我々アカデミックの役割だと思っています。

浜田　民間のデータを使われたんですね。バルセロナ市など、行政が作成する都市データは使われなかったのですか？

吉村　バルセロナのような大都市なら都市情報がデジタル化されていたりするのですが、例えばその隣の中小都市では紙で管理されていたり、はたまた万が一デジタル化されていたとしても他の自治体とフォーマットが異なっていたりと、実質使えなかったりすることが多々あります。なので長期的な戦略としては、自治体の方々に「データの規格を揃えてほしい」「情報をオープンにしてほしい」と伝えています。

　しかしその完成には時間がかかる。その時間差を埋めるために、短期的な戦略として、自治体には頼らずに環境データを収集する技術を考えています。

クマ　使いやすいデータとしてつくるところからサポートする必要があるんですね。

吉村　例えば、２０１２〜２０２０年にかけて東京全域の各街路がいつ歩行者空間になったのか分かる地図を作成しました（fig.1）。一つひとつの街路を対象としたミクロな眼で、しかし東京全域という広域でデータを時系列で取得して可視化した事例としては歴史上はじめてだと思います。もしも手作業でやったら何年も掛かってしまいますが、プログラミングなら一瞬です。

このような地図と、小売店の売り上げ規模が分かる地図を重ねれば、先ほどの問いに答えることができます。ちなみに結果は、歩行者空間化すると小売店の売り上げは軒並み上昇していました。そしてそれは一つの街路や一つの都市でそうだったというだけではなく、さまざまな都市や街路を対象に分析してみたら統計的な有意性が出ました。そこから「歩行者空間化には経済的効果がある」と説明できるわけです。

では一方で、「そのエリアの住民は幸せになったか」という点ではどうでしょうか。その問いに答えるために、京都大学で心理学を専門にされている内田由紀子先生と「個と場の共創的 Well-Being」をテーマに研究しています。どんな都市空間なら、それぞれのウェルビーイングを高められるのか。これが明らかになれば、歩行者空間化によって人々は幸せになるかという問いに答えられ、都市やまちのつくり方が根本的に変わる可能性があるかもしれません。

浜田　具体的には、どう研究されるのでしょうか？

吉村　心理学専門の内田先生たちは、その人がどう感じているか、どう考えているかをデータ化するプロです。内田先生たちは、個人に対してどう質問しそれに対する主観的回答をどう客観データに変えられるか、長らく考えてこられました。収集するデータは基本アンケートやウェアラブルセンサーからですが、僕たち建築畑の人間がつくるアンケートとは、質も量も全く桁違いなものです。

先生いわく、都市は人と人との関係で成り立っているので、私も友人も周りの人もどう一緒によい状態になれるかが大切。そしてそれが今のウェルビーイングと言えます。研究ではそこを掘り下げていきたい。関係性が重要なんです。

浜田　興味深いです。その研究で都市とウェルビーイングの関係が提示されれば、もしかすると当事者である住民自身、驚く部分もあるかもしれません。

吉村　歩行者空間化の計画で最も不安な思いをされるのは、そこに立地している小売店や住民の方々です。車の出入りがなくなったら売り上げが減るのではと考えますよね。スーパーブロックの計画がはじまったときは、そういう先行研究は都市計画の長い歴史の中ですでに誰かしらまとめているだろうと楽観的だったのですが、調べてみたらそんな研究はなかった。そこから、論文を出すまでに15年くらいかかりました。

浜田　「ここは通ってよい」「ここは通ってはだめ」とシステムを変えるだけで、空間がガラッと変わる。つまり物理的につくるより、システムを変える。すごくスマートなリノベーションのようなイメージですよね。そこにウェルビーイングのような質的な価値の考え方が結びつくと、どんどん実践されていく気がします。

吉村　正確に言うと、バルセロナの場合は「通ってはだめ」と規制しているのではなく、「なるべく通らないでください」とお願いをしているだけなのです。このエリアに入るときは速度を落とすということや、入ったらそのエリアから出るのを難しくしている。それだけなのですが、たくさんの人が街路に出てきて、活気が戻ります。膨大な予算を使う必要はなく、システムをきちんと変えれば、まちにはもっと可能性が出る。ただ前述したように、なぜ歩行者空間がよいのかを言わないと、議会には通らないし予算もつきません。これからはそこが大事になると思います。

◎データ解析とデザインの接続

クマ　建築家とデータサイエンティストの両輪で活動をされているのはなかなか珍しいことだと思います。なぜそのような経緯になったのでしょうか？

吉村　身も蓋もないですが、偶然としか言いようがないんです（笑）。もともとはＣＡＤ

も３Ｄも大嫌いで、むしろスケッチを描いたり、模型をいじったりする方が好きでした。しかしバルセロナ市の都市生態学庁に入った初日に長官から、「明日からお前は交通計画をやれ」と言われたんですね。それがある地区の歩行者空間化計画で、ＩＣＴやテクノロジーで歩行者や車をトラッキングしろと。しかもその理由は「日本人だからテクノロジーに強いだろう」の一言でした。

最初のうちは何をやったらよいか全く分からなかったし、嫌で嫌でたまりませんでした。しかしやっていくうちにおもしろくなってきて、結果好きになってしまったのです。もともと模型づくり含め、細かい作業やパズルなど、繰り返し同じことをする作業が好きだったので、データを一つひとつ整形しながら解析していったら、それが性に合っていると気づきました。それであれよあれよと10年くらい経ってしまったというのが正直なところです。

クマ　僕自身もデータを扱い、例えば素材の特性をシミュレーションして、それをデジタルファブリケーションなどで形をつくることはありますが、データを都市空間に形として落とし込むという意識をお持ちなのでしょうか？

吉村　意識はあります。それをやろうとしてきて、なかなかできていないのが現状だと思います。例えば、データを解析すれば都市の中の人流が分かるようにはなりますが、一方そのような解析結果に基づけばすばらしい都市空間ができるかはまた別の話です。僕の周りのデータサイエンティストたちも、そこで悩んでいると思います。ビッグデータの解析結果を、どうデザインに結びつけていけるのか。そこがすごく切り離されている。

クマ　多くの建築家は、一般的な人よりも直感は優れているかもしれませんが、それがデータに裏付けされているわけではないという弱さもありますね。

吉村　それが悪いわけではないのですが、建築家の一番の能力は、コミュニティの中で皆が感じている価値をビジュアライゼーションできることだと僕は思っています。それが直感にあたる。そこにデータが絡められたらよいですが、必須なわけではありません。バランスかなと思います。

クマ　僕は建築家として、人が集まる場所をつくりたいと思っていますが、それはあくまでも「場所」であって「建築」じゃなくてもよいと根源的には考えています。それは我々の活動名でもある「シーン」をつくりたいという欲求です。それで周りを見渡したら、この本に参画いただいた皆さんをはじめ、建築をつくらずともある種のパブリックをつくり出している方々がいた。バルセロナはまさに、街路が歩行空間に転換されることで、パブリックスペースが創出されている好例だと思います。

それと同時に一方では、データの裏付けがあるからこそ、思い切った戦略が通るところもあるのではないでしょうか。空き地に建築をつくり「これがパブリックスペースです！」と言うだけなら直感で押し通せるかもしれませんが、データを使うことで、建築がなくても公共空間をつくれますといったオルタナティブなアプローチができるといいなと。そういう逆転が起きるとおもしろいです。

吉村　現代は、多様な考えの人が共存する社会になりました。その中で、トップダウン的に「こうだ！」と都市やパブリックスペースのあり方を決めていくのは考えにくいのではないかと思っています。できるだけ市民と対話をし、皆で議論をして都市をつくっていくことが求められています。そのときどう合意を形成していくのかが問題で、データを使ったり、ビジュアライゼーションしたり、そういうことの積み重ねが大事だと思います。

クマ　その方法が確立されていけば、平米数や予算が最初から決まっている公共事業でも、その前提すら覆せる可能性が生まれるかもしれませんね。

浜田　オルタナティブ・パブリックを考えるとき、マイノリティが一つのテーマになります。これまで、それは演劇やアートをきっかけに知るものだと思っていましたが、今日吉村さんのお話を伺いながら、データでビジュアライズすることでもマイノリティを可視化できるのだと思いました。

吉村　アートや演劇の力でマイノリティを可視化すると、特定の人やコミュニティが対象となり、あくまでもスモールデータになりますが、僕はそれをビッグデータにしたい。その領域を超えられたら、ブレイクスルーになると思うんです。紙と鉛筆で収集するスモールデータから、どうビッグデータにスケールするかという問題です。

クマ　建築の実務の面でも、ビッグデータを用いて設計しようと思ってもはじめ方が分からない。データサイエンスを意識した建築観が必要なのかもしれません。

◎実証実験とビッグデータ

クマ　吉村さんが開発された、日陰検索アプリ「HIKAGE FINDER」(fig.2) は、都市の中の日陰をＡＩで探すものでしたよね。そのときに「あの辺に日陰がありそう」という直感と、ビッグデータが重なったりズレたりするのがおもしろいなと思いました。今も、そのような実証実験のプロジェクトに関わられているのでしょうか?

吉村　色々ありますね。ビッグデータを扱って画像解析をしたり、国土交通省が主催する都市の３Ｄデータ構築プロジェクト「PLATEAU」を使ったり、先日は芦原義信先生の『街並みの美学』をデジタルテクノロジーで読み替えるという学術論文を発表しました。

クマ　バルセロナには独立国家のような雰囲気があり、住民も都市への意識が高い印象ですが、東京だとそういう感覚の人は少ない気がしています。そうすると、対話しながらまちをつくるような実験も起こりづらいのではないでしょうか。

吉村　それはおそらく欧米モデルがベースにあるからだと思います。バルセロナをはじめ欧米の都市の場合は、自治体が強烈なビジョンを掲げてリーダーシップをとり、そこに民間企業が入っていきます。一方日本はその逆。ディベロッパーや鉄道会社など民間組織がまちをつくるモデルです。

今は日本のディベロッパーの皆さんも、データサイエンスにとても関心を持たれています。彼らにとっても大きく変わるチャンスですから。これは建築業界に限らずですが、不動産でも銀行でも、これまでのビジネスモデルでは立ち行かなくなりはじめた時代。それが分かっていても、だれも次の一歩が踏み出せない。だからこそデータがあると「なんとなくだめだと思う」と言いやすい。データが最後の一歩を押すからです。

浜田　日本の場合は、個別のエリアごとに実験特区をつくる傾向がありそうです。例えば最近の西新宿エリアでは、自動運転の実証実験がはじまっています。エリア単位だと動いていきやすい。そこで実験的にやりデータをとって、それを少しずつ蓄積していくしかないかもしれません。

◎最適化されていないビッグデータのつくり方

吉村　僕は漫画の『風の谷のナウシカ』が好きなのですが、その結末における、苦しみや憎しみの除去されたクリーンな社会と、今の日本のスマートシティ構想には重なるところがあると思っています。日本のスマートシティはあらゆる手段で我々からデータを収集し分析して、さらには予測していく。その上でそれに基づいた最適なサービスを提供します。

しかし、それが果たして幸せなのか。さまざまなことがあらかじめ決められている社会でよいのか。そういう問いです。ナウシカの場合、人間は汚さも悲しみも背負った存在で、その命は「闇の中に瞬く光」として描かれています。そういう視点が今のスマートシティには必要なのではないでしょうか。

浜田　スマートシティのパースも、とてもクリーンで淀みのないイメージでつくられることが多いですよね。でも実際の都市には表裏があり、きれいな市庁舎の裏には飲み屋街や歓楽街があったりする。その両面で成立しているのが人間の世界だと思います。

吉村　そうですね。データサイエンスは、すぐ最適化に走ってしまいがちなんです。だから今は、最適化ではないビッグデータの扱い方を構築したいと思っています。それは、人間の感性や美的感覚をどう定量化するのか、という話にもつながります。

浜田　データで最適化したときに取りこぼす多くのものがありますよね。多様性を許容するためにデータを分布として捉え、扱えるようになりながら、「こういうのが好きな人も一定数いるよね」という主観や感覚も大事かもしれない。

クマ　人間っぽいところを見直すようなスマートシティ構想が出てきたらおもしろいです。都市がどんどん手元から離れていく中で、メタバースやデジタルツインというツールは都市に触れられるというか、身近にするものだと思います。

◎タクティカル・アーバニズムとの距離

吉村　ちなみに一つお伺いしたいのですが、オルタナティブ・パブリックと、タクティカル・アーバニズムはどのように違うのでしょうか?

クマ　後者は、プランターや家具を配置することが手段ですが、今回の本では、即物的・即時的な話だけに限っていません。どちらかというと、モノをつくらずともパブリックを生み出している人に、フォーカスしました。

吉村　本来タクティカル・アーバニズムは、何年もの時間がかかる都市計画において、計画から竣工までの時間をポジティブに使う戦術だと思っています。

つまり少しずつ都市をよくしようと。しかし日本では、1週間ここに家具を置こう、芝生をひいてみよう、など単発のイベントとして終わってしまい、長期的戦略と並行していない印象があります。

クマ オルタナティブ・パブリックの考え方には、都市に対する長期的な目線があるわけではありません。それより一瞬の気づきとして、都市の隠れていた魅力を知るとか、見えなかったコミュニティを体験するとか、そういう発見だけでも、新たなパブリックとしての価値があると思っています。なので、必ずしも都市計画との距離感だけでは計れないかなと。だからこそこの本はもっと自由に都市を変える、新たな指標を獲得するヒントになればいいなと思います。

吉村さんは建築家でありながら、データを扱えることで、直観と客観を行き来するアプローチをされていますが、それが日本でどんな景色を生んでいくのかとても楽しみです。人間の直観は優秀なので、データでそれを凌駕することは簡単ではないですが、今回のお話から、ビッグデータによって視野が広がり目の前のパブリックスペースだけでも、都市をマクロに捉えられる可能性を感じました。

浜田 吉村さんの活動にオルタナティブ・パブリックを感じた理由は、直観的な価値観に対しデータによってその「よさ」を裏付けすることで、暗黙的な価値の共有化、公共化を図ろうとしているところです。多くの組織や人々を動かすための裏付けとしてビッグデータを使い、結果的にみんながなんとなくよいと思っている方向にもっていくことができるのは、非常に有効な手段だと思います。古い慣習のために変えられないこと、さまざまな利権が絡むようなことが都市にはたくさんありますが、それを切り崩してくれる可能性がありますね。

公園

屋外に延長するオーナーシップ

島田智里

都市計画＆ＧＩＳスペシャリスト（ニューヨーク市公園局）

Park

Shimada Chisato

アメリカ、ニューヨーク市在住。京都府立大学農学部で学位取得、ニューヨーク市立ハンター校で都市計画修士号取得。大学院在学中、マンハッタン区長室による初の都市計画フェローシッププログラムで第一期生に選出され、以来さまざまな地域開発プロジェクトに携わる。その後ニューヨーク市の建築会社でアーバンプランナーとして勤め、2009年よりニューヨーク市公園局で勤務、主に都市緑化に関する事業に従事する。2012年に米国都市計画学会ニューヨーク支部経済開発委員長に就任。

pic.1

pic.2

pic.3

pic.4

HSBC
HSBC
RETAIL FOR LEASE
RETAIL FOR LEASE

pic.5

ニューヨーク市公園局の島田さんは、Geographic Information System（以下、ＧＩＳ）という地理情報システムを活用し、公園や緑を用いた先端的なまちづくりを行っている。LiDARと呼ばれるセンサー技術を用いて私たちを取り巻く環境の空間分析をしたり、まちの街路樹を一本一本市民と調査するプロジェクトを通して樹木情報をデータ化したり、それを他のまち情報とＧＩＳに取り込みデータに基づく事業を進めるなど、公園や緑に限らず公共空間のデジタル化の観点でも非常に興味深い。市民のマインドや文化の違いはあるが、ニューヨークの公園は日本と比較して積極的に使われていることが多い。そこには公共のどのような仕組みが作用しているのだろうか。（浜田）

◎公園のリノベーションで大事にしていること

島田　私の仕事の一つは、ＧＩＳを利用してデータ分析し現状を把握したり、データを可視化して事業計画に落とし込むことです。例えば「都市に緑を増やす」ことを目指す場合、まず現状がどのくらいなのか、そしてそれを基にどれくらい増加させるのか考える必要があるんですね。

クマ　そういったデータ活用は、今まさに重要なテーマですよね。データ分析の面で最近のプロジェクトをご紹介いただけますか？

島田　公園局では、Community Parks Initiatives（ＣＰＩ）というプロジェクトを実施しています。設備投資が不十分で、人口密度が高く、低所得者が多い地域の公園を改善して市内の公園格差を減らすもので、所得や人口情報、支援団体の有無などさまざまなデータを重ね合わせて分析し、優先地域と対象公園を選びます。ＣＰＩの特徴は、トップダウン式ではなく、地域住民に何がほしいかを聞いて設計に取り入れることです。

　例えば、ハーレム地区で低所得者が多いエリアのある公園は、公園の需要に対し設備が不十分でした。しかしＣＰＩにより、小さい子どもが遊べるプレイグラウンド、中高校生がスポーツできるアスレチック空間、飲食やゲームができるテーブルエリア、緑を利用したグリーンインフラやトイレを設置してゾーン分けし、多くの利用者が多目的に楽しめる公園に生まれ変わりました。

クマ　それはどのようなプロセスで進められるのでしょうか？

島田　設計前から市民参加を呼びかけ、利用者と必要なものを相談してデザインを考える、そのプロセスを繰り返しながら最終的な設計計画をつくります。

クマ　アーキテクトもメンバーにいるのでしょうか？

島田　はい。設計計画は局内で行われることもあれば、外注することもあります。公園局の中に都市プランナー、建築家、ランドスケープ、エンジニアなどの専門スタッフもいて、リノベーションの内容や規模によりケースバイケースです。

浜田　アメリカの公園に人が集まる、成功する理由はどこにあると考えられていますか？

島田　公園づくりや管理に多くの人が参与していることだと思います。小さいことでも関与することで公園に対するオーナーシップが生まれ、結果、パートナーシップ形成につながることもあります。あとは関わり方は違っても、使う側もつくる側もよい公園をつくりたいという明確な共通認識を持つこと。公園は地域財産であることを認識し、同じ目標に向かうことでコミュニケーションも進み、多くの人が多様な形で関われると思うんです。

浜田　データをビジュアライズする、市民を巻き込む、目標を共有するということがポイントなんですね。実際の場所に落とし込むときに注意されていることはありますか?

島田　公正な公園緑地空間を提供するというハード面と、それを使いやすくするためのソフト面の工夫が大切だと思います。

例えばソフト面では、子どもが多いエリアではアクティブなフィットネスプログラム、自然や年配の方が多いエリアでは園芸や自然鑑賞活動を取り入れたりと、ニーズにふさわしいプログラムなどを組み合わせるなどが考えられます。

また、近年は自然災害への対策も求められています。公園のリノベーション事業に緑化技術を用いたグリーンインフラを取り込むことで、公園の改善と水害対策や水の汚染緩和を同時に目指す。そこでも、公正で美しく、安全で災害に強い環境をつくりたいというゴールは一緒。関連事業と共同で相乗効果を狙うことも有効です。

クマ　官民の姿勢含め、ニューヨーク全体でそのような公共空間づくりが進められているのですか?

島田　最近のニューヨークのまちづくりは「公正さ(Equity)」がテーマです。公園づくりでも市域で格差をなくし公正な公園緑地空間を提供する、それがコミュニティやまちの豊かさにもつながると考えられています。

コロナ禍では、裕福なエリアにはアクセスのよい公園が多い一方、低所得エリアでは公園や設備へのアクセスが難しいところも多く感染者の数にも比例するなど、公園のアクセスの公正さについても改めて考えさせられました。

◎オープンストリートとの拡大と発展

浜田　公園以外にも関わられることはありますか？

島田　ニューヨーク市ではコロナの臨時対策として、道路を歩行者や自転車利用者に解放する「オープンストリート」が拡大されました。その拡大の一環として、室内活動の禁止が続く飲食業支援のため、歩道などで仮設的な飲食サービスを許可する「オープンレストラン」も生まれました。現在は２０２３年の恒久化に向けて、管轄組織の役割や規制内容、取り締まり、飲食店側の責務、ゴミや除雪対策などを調整しているようです。

クマ　恒久化に至った理由はなんでしょうか？

島田　ニーズがあるからだと思います。一般的に、ニューヨーカーは屋外を好む傾向がありますね。外の空気を感じながら安心して食べる、飲む、勉強・仕事ができる、コロナ禍でも日常生活と社会活動が一つの場所で完結します。これはまさにオルタナティブな状態だと思います。アクティビティを基に連想する場所のイメージが広がり、自由になったのかもしれません。日本でサードプレイスというとカフェや図書館など室内の印象がありますが、アメリカでは公園など屋外のイメージもあるように感じます。

クマ　オープンレストランの恒常化を担当しているのは、公園局の方々ですか？

島田　道路を管轄する交通局です。実際の運営には、自治体、警察、衛生局や、商業地区に携わる非営利団体など、飲食業者以外にも多くの団体が協力しています。飲酒サービスにおいては、小学校などから一定距離を置く必要があるなど、新制度に関わらず本来の規制が適用されます。

クマ　日本ではオープンレストランがあまり馴染まない印象ですが、どんな課題があるとお考えですか？

島田　一つは、歩道幅が狭いことや歩道端の植栽の存在などハード面があると思います。あとは、実行に必要な情報へのアクセスや需要をサポートするシステム。申請方法や実際にできることの範疇が不透明だったり、それが地区や担当者によりケースバイケースだと個人申請者には負担が大きい。

ニューヨークでは、レストランの店内営業が長期にわたり禁止されていたので、経営者の救済、まちの経済を促す目的でオープンレストランがはじまりました。当初は車がほとんど走っていなかったのも政策浸透に寄与したと思います。申請は、地区に関わらずオンラインで自己申請式、無料。自店前を利用できるためオープンレストランはすぐに増えました。一時的な対策ですが、例えば隣の店が屋外サービスを行わない場合、店主同士で交渉すればスペースの拝借を許可するなど柔軟な対応がされました。

浜田　基本は飲食店だけの対応だったのでしょうか？

島田　元はオープンストリートにはじまり、飲食店を対象とするオープンレストラン、小売業対象のオープンストアフロント、ほかにも芸術や文化活動を対象とするオープンカルチャーなど、目的別にプログラムができ各々申請法や規制が異なります。

浜田　ジャズやクラシックなら皆が聞けるかもしれないけど、例えばロックのライブをやりたいという人も出てくるかもしれない。その場合は騒音トラブルにもなりかねませんよね。近隣には許可を取られていたのでしょうか？

島田　オープンカルチャーは、市により指定された道路が利用対象になります。道路や歩道幅が広く、交通渋滞や騒音などの問題が起こりにくい商業地区のほうが多い。利用は先着順で、申請料は1回20ドル。市の複数局が運営に関与していますが、対象となる活動の支援団体やコミュニティ、BID（ビジネス活性化地区：Business Improvement District）、そして市民の理解が必要になります。

クマ　日本だとそのような横の連携は難しいのでしょうか？民間資金や能力を活用するP

ＦＩ（Private Finance Initiative）などアメリカから来た手法もありますが、そもそも組織や仕組みの違いも大きいと思っています。

島田　幅広い連携には、迅速で正確な情報共有が必須です。例えば公園局と建設局が独立した別の組織であるなど、日本とアメリカで仕組み的な差異はありますが、基本は市で統括した方法、市運営のオープンデータを通した情報共有が役立ちます。

◎市民が持つべき公園のオーナーシップ

クマ　僕自身アメリカにしばらく住んでいたのですが、日本とアメリカで、公園や公共空間に対する認識の違いがありますよね。

島田　そうですね。市民の公園に対する意識は異なると感じています。ニューヨークでは、１９８０年代に荒廃化した公園を安全に使いたいと市民が立ち上がり、後に組織化、行政と連携体制を組み公園改善に取り組んだというボトムアップの歴史があります。その第一例がセントラルパークで、後に多くの公園が続きました。現在観光名所にもなっているハイラインも、未使用の高架鉄道を公園として再利用したいと市民が声をあげ、非営利団体を形成し、現在公園局のパートナーとして包括的な管理運営を行っています。

また日本にも展開しているシェイクシャックというバーガー屋さんは、マディソンスクエアパークの2002年の大改修後に初のコンセッションとしてはじまったものです。公園を気持ちよく使いたいと市民が立ち上がった結果が今に続いています。

浜田　なぜそんなことが可能なのでしょうか。日本ではまだまだ難しいように思われます。

島田　利用者としてオーナーシップの気持ちがあるからだと思います。公園を自分の生活空間の一部と認識し、その向上のため参与する。

これはまちづくりも同じで、対象が公園であれ何であれ、自分の周りに目を向けて積極的に関わっていく。まちは多角的なもので、一人ひとりが生活の質の向上に目を向け貢献するほど変わっていくので、まちも公園づくりもより多くの人に参加してもらいたい。そういった機会を増やし、オーナーシップの意識を育てることが今後大切だと思います。

クマ　アメリカでのメソッドを日本でもやってみたいと思われますか？

島田　日本の公園や公共空間の質は高いです。ただ、つくるときの状況・管理する側の視点寄りで、現在の用途やニーズに対応してないケースもあるかと。ニューヨークでは、使う側、関与する人の動きが多いのもありニーズに対する柔軟性が求められます。地域性や基盤状況により異なるので、その地域に相応しいことを選べばいいと思います。

クマ　日本の公園では、禁止事項が多いと思うことがあります。以前ニューヨークに住んでいましたが、雑多な公園が多くておもしろかったですね。ピアノを弾いてたり、バーベキューをやってたり、色々な人がいました。

島田　ニューヨークは、公園と利用者の多様さがまちの魅力の一つだと思います。いくつか写真をご紹介しますね。まず、pic.1では、逆立ちしてる人、スーツ姿の人、ゲームしている人、その横でご飯を食べている人が自由に過ごしている。pic.2は、貸自転車で通りかかる観光客、散歩中の地元の人、ピアノを弾くアーティスト、社会問題に対するデモ隊など、公園では人種も年齢も関係ありません。pic.3は、卓球を楽しむ人、それを見物する人、誕生日会、読書する人、その横で若者の団体がピクニックをしていたり。

ほかにもpic.4は、屋外コメディショー、pic.5では、犯罪撲滅を訴える参加型のアートインスタレーションがあったり。ニューヨークでは、公園＝子どものための場所ではなく、誰もがさまざまな目的で共存する場所です。

クマ　公共空間の使い方はこれほど多様なんですよね。あとアメリカにいると、公園も道も同じように見えてくるんです。公園に「入る」という感じはなくて、連続感がある。

島田　ニューヨークの公園は、一般的に使いやすく解放感がある。日常生活に近く感じることによって、オーナーシップの意識が生まれやすいのもあると思います。ニューヨークでは時々「my park」「my street」と言うのを耳にします。これは「mina（私の所有物）」という意味ではなく、無意識に自分との関係を感じてる。日本では、よく行くカフェなどはあるかと思いますが、「私の公園」と公共空間を表現する人は少ないでしょう。

公園は行政管理と思われがちの中で、一人ひとりにオーナーシップ意識をどうつくっていくか。自分が利用者であることを認識し、興味を持つことが肝になるのかなと思います。

浜田　アメリカの文化ではできるものの、日本でどう帰属意識やオーナーシップをつくるか。その仕掛けが必要だと感じています。

島田　そうですね。アメリカの場合、例えばボランティア活動は興味があれば一度だけでも経験なしでも参加できる雰囲気があります。参加に対するハードルが低く、「知る」機会が多い。そこからオーナーシップが生まれることも。そういう活動の運営プロやアウトリーチを使い、興味を持ってもらう仕掛けを増やすのも一つだと思います。

クマ　ニューヨークでは、路上でフリーマーケットやファーマーズマーケットをやってますよね。ああいう光景があると道の見え方が変わると思います。日本には歩行者天国はありますが、そもそも道路を使えるという感覚があまりないですよね。情報へアクセスする機会が少ないのでしょうか。

島田　そうですね。知らないと興味もわきにくいので情報へのアクセスが多いのは大切だと思います。アメリカはそういった情報発信をウェブサイトを通したりして最新情報が入りやすい。センスがよいとより検索しやすいと思います。

あと、歩行者天国やフリーマーケットの場合、日本は大がかりで大組織により運営されてるイメージがあります。申請の仕方や規制が分かりにくいと小さい組織にはハードルが高い。取り掛かりの部分を簡素・システム化するともっと増えるかもしれません。

クマ　アメリカではブロックパーティのハードルが低いのでしょうか?

島田　使う場所や主催者団体のタイプ、そのエリアの地域団体やＢＩＤなどの有無によって異なります。営利目的か、ＮＰＯや学校などの教育・文化目的などかにより利用金額も変わります。

◎晴れでも雨でも豊かなパブリックスペース

島田　ニューヨークの地下鉄駅構内ではプロ並みのパフォーマーたちを時々見かけます。一定ルール内で必要に応じて移動できるものだけですが、ニューヨークらしさを感じます。

浜田　図書館や役所など、日本の公共空間づくりは室内が強いけれど、屋外に関してはアメリカから学べることが多いと思います。

島田　屋外でのキーは、天気に左右されない心ですね。日本だと、天気がよい日は外に人がたくさんいるけれど雨の日は少ない。アメリカは寒かろうが雨であろうが、安全な限り、年中外に人がいます。公園は家の庭・延長的な感覚なので、寒かったら上着を着ればよい、雨が降ったらレインコートを着ればよいという考えでしょうか。

浜田　雨の日はパラソルが出るんですか？

島田　一部の商業地区では管理者によって提供される所もありますが、公園では特に出ません。天気がよいから公園に行くのか、運動や公園自体が目的で行くのか個人次第ですが、年中利用者が天気に適した服装をして公園にいる。日本では、雨でも環境が安定している室内空間がもっと人気なのかもしれませんね。文化の違いか、日本では「明日雨っぽいから延期しようか」が、アメリカでは「どしゃぶりになれば帰ればいいよ」と。繊細さの違いでしょうか。

浜田　それはかなり大きな差ですね。

島田　屋外という自分でコントロールできない環境に対する反応は、国ではなく文化や地域性の違いもあるかと。ちなみニューヨークで雪が降ると、大人も子どもも外へ出て雪遊びします。セントラルパークでソリを楽しむ人たちを見ると、皆ソリを持ってるのかと驚きます。イベントが目的ではなくただその空間を楽しむ、そんな公園が身近にあることに感謝です。

◎散歩をする理由

浜田　家の延長として屋外空間を捉えるというマインドセットを変えた上でオーナーシップを持つと、自分のものとして使えるようになるのかなと思います。

島田　そうですね。私自身デスクワークなので意識して定期的に散歩に出ます。その貴重な休憩時間にどこを歩くか、こういう些細なことからも身の回りの環境を考えたりしますね。

クマ　歩くことはコロナ以降結構大きな意義を持つようになりましたよね。歩くとまちの見え方が変わる。ニューヨークからは、歩いて楽しいまちをどうつくるかを学べると思います。さきほどの一連の公園の写真も、実際歩いてみたいところばかりだなと思いました。

それと同時に、日本だと滞在型の公園をまず最初に考えますが、ハイラインのような屋外空間ができるのは、歩くことや道を前提にしているからかなと。イースト川沿いにも公園か歩道か分からない空間が結構あります。

島田　ハイラインは特殊なレイアウトのため、流動性を意識したランドスケープデザインが導入されていて、植栽の配置や道幅に強弱があり、歩きながら異なる景色が楽しめる工夫があります。まちのウォーカビリティの向上のヒントにもつながりそうですね。

クマ　たとえばワシントンスクエアパークなども、通り抜けるのが楽しい空間だと思います。道としての公園のあり方を実感します。

島田　多方向からのアクセスがあることで、公園に滞在しなくても通り抜けで利用者も増える。常に人が多いことで犯罪も減り、賑わいが空間の向上と安全強化に同時に貢献しています。

管理者視点だと、公園、公開空地、市民農園など違いが分かりますが、一般利用者にはこれら公共空間に線引きはないですよね。なので、さまざまな管理者たちが手を組んで隣接する空間同士をつなぎ接続性（Connectivity）を向上することで、利用者増加にもつながります。

例えばブライアントパークと、そこから歩いて15分の老舗デパートがあるエリアには、各々を管轄するＢＩＤ団体があります。この２つの団体が共同して全体的な整備、Connectivity のよい歩行者空間づくりを行っています。両エリアとも活性化され広範囲を魅力的にし、歩いていて楽しい場所になりますね。

クマ　僕も以前ニューヨークに住んでいたので、今回ご紹介いただいた公園の魅力は体感していたのですが、それが設計されたものであるという目線で見てなかったので、島田さんのお話はとても刺激的でした。きっとニューヨークの公園はあまりにも都市に溶け込んでいて、都市のアイデンティティになっているからこそ、設計されたもののような気がしなかったのかも知れません。そこには当然、経験とデータに基づくソフトとハードの提案がされていたことがよく分かりました。

最後に、今後やりたいことはありますか？

島田　日本生まれ日本育ちですが海外に長く住んでいると、日本の色々な要素が見えてきます。それは長くいるニューヨークに対しても同様です。最近は、海外で学んでいることを日本の未来社会に貢献するべく、ニューヨークの事例や外から見る日本の感想を共有できたらと思っています。

例えば、ニューヨークの公園がなぜ近年改善してきたのか、その背景には犯罪が多かった荒廃期に対する反動という地域特有の歴史があり、重要視されるのは安全性で、その上に賑わいがある。そういった背景は、実際住んで聞いたりして学んだことで、公園改善を考えるゆえに重要なポイントでもある。そういった情報を共有し、では日本ではそのポイントは何にあたるのか、一緒に共通点や相違点を探ることもできたらなと思っています。

今回、ニューヨークと日本の違いについて一緒に考えましたが、危機感からの立ち上がりで言えば、日本だと自然災害に対する動きと同じではないでしょうか。プロセスは違いますが、掘り返してみると社会課題に対応し、皆で安全で快適な公共空間、社会をつくりたいという気持ちがある。やってることは同じなのではないかなと思います。

浜田　日本の公共空間が解決すべき社会課題は何か、という問いと目標が重要ということですね。災害を想定したコミュニティの拠点としては、日本ならではの公園のあり方かもしれません。他には、子育て世代や高齢者が孤立しないような公園も求められるかもしれません。家の中に引きこもらずに、外に出たくなる楽しい公共空間が広がることによって、社会的孤立などの課題解決に寄与できるかもしれません。コロナ禍によって加速した「分断の時代」において、公共空間が果たす役割の可能性を感じました。

古材

モノがつなぐ
コミュニティと物語

東野唯史

デザイナー（ReBuilding Center JAPAN）

Old Wood

Tadafumi Azuno

1984年生まれ。名古屋市立大学芸術工学部卒。2014年より空間デザインユニットmedicalaとして妻の華南子と活動開始。全国で数ヶ月ごとに仮暮らしをしながら「いい空間」をつくりつづけてきました。2016年秋、建築建材のリサイクルショップReBuilding Center JAPANを長野県諏訪市に設立。ReBuild New Cultureを理念に掲げ、次の世代に繋いでいきたいモノと文化を掬いあげ、再構築し、楽しくたくましく生きていける、これからの景色をデザインしていきます。

pic.1

pic.2

pic.3

pic.4

pic.5

pic.6

pic.7

アメリカ・ポートランドにある建築資材のリサイクルショップ「ReBuilding Center」から着想を得て、日本で建築の解体現場から古材や古道具を回収（レスキュー）し再評価して販売する「ReBuilding Center JAPAN」をはじめられた東野唯史さん。ポートランドの社会課題は貧困問題だったが、日本では空き家問題の解決にリビセンを通じて取り組んでいる。現在はその陳列スペースのほかに、おいしいカフェも併設されていて、ついつい長居したくなる場所だ。しかもその舞台は長野県諏訪市という地方だが、今ではリビセンを目的に諏訪に訪れる人がいるほど、地域経済や文化にも重要な役割を果たしている。空き家問題の解決には、それをリノベーションして価値を高めようとする人づくりが必要だ。そのためのネットワークやコミュニティづくりにまで発展するリビセンは、本家とは異なる独自の発展を遂げている。古材を通してパブリックを生み出す一連の取り組みが気になって、今回話を伺った。（浜田）

◎古物から生まれるパブリック

浜田　ReBuilding Center JAPAN（以下、リビセン）は、カフェや古材屋としてだけではなく、レスキュー事業の意義が大きいと思います。レスキューを通して、まちを巻き込む接点が生まれている。しかもそれが、古材や古道具の価値づけになっている。一見単なる古物かもしれないけれど、レスキューを通すとすごく大事なモノに見えてくる。その仕組みが明快だと思いました。

東野　古物には一つひとつストーリーがあるので、それを共有した方が価値が伝わるし、誰かにとって特別になりうる。建築設計の領域だと、樹種や産地でしかモノをカテゴライズしませんが、リビセンでは「あの人がずっとキッチンで使ってたモノ」などと落とし込むことができます。

クマ　ヨーロッパのパブリックと言えば、広場やストリートが象徴的ですが、一方古材も古道具も並列されているリビセンでは、それがパブリックをつくるかもしれない、という感じがします。それぞれのモノにレスキューナンバーがついていて、地域や所有者のことを想像できるストーリー性もある。そういうオルタナティブなパブリックの創出が、リビセンというプラットフォームがあることで可能になっているのではないでしょうか。

東野　そうですね。例えば、リビセンに興味を持って手伝いに来てくれるサポーターズがいるのですが、仕事が終わったあとに一緒にご飯を食べたりお酒を飲んだり、わいわい過ごしていて。皆「リビセンが好き」という共通点で仲良くなっていきます。リビセンから離れたあとも、つながっていて、楽しそうですよ（pic.1,2）。

クマ　ポートランドのリビセンは雇用創出が根本にありますが、東野さんたちのリビセンは古材活用が根本にある。でも以前ポートランドのリビセンに行ったときに、どちらの空間も近しい雰囲気をまとっていると思いました。諏訪では古材活用から広がって、コミュニティや関係人口が生まれてきた感じがします。

東野　関係が悪かったら古材をレスキューし続けられないので、その辺はバランスをとっています。ポートランドの店舗（pic.3,4）は、地域の資源を循環させることでコミュニティをつくっていて、それを外に出す気はないのですが、僕らの場合は古材という地方資源を都会の人に買ってもらい、それが雇用を生み出す産業になりうると考えています。しかも古材は手作業で剥がして磨いて使うだけなので、山から木を切り出して乾燥し製材するより圧倒的にエネルギー消費が少ない。使えば使うほどゴミが減る素材はほかにないと思います。

浜田　そのネットワークが広がって、コミュニティが生まれてるんですね。

東野　２０２１年の夏からは、「Supported by リビセン」というコンサル事業をはじめました。リビセンのような古材や古道具のお店をつくりたい人に伴走するもので、埼玉県川口市にある senkiya atonimo（pic.5）や、長野市の R-DEPOT などに関わっています。これも、もともとサポーターズだった人が多いです。

クマ　どんなことをサポートされるのですか？

東野　リビセンで１か月一緒に仕事をしてもらい、値付けやレスキューの仕方を一通り伝えます。そうすれば立ち上げがゼロからではなく、必要な情報をまとめて渡してあげられる。そして事業のフェーズによって困りごとも変わるので、立ち上げ後も、収支のチェックをはじめ様々な相談に乗ります。

　本業とは別に仲間と店をはじめたいというパターンの相談がわりと多いのですが、その場合それぞれ忙しいときに回せなくなったり、責任者が不透明だったり、意外と難しい。古材や古道具を集められても、それを在庫管理し、値付けし、売れる状態を維持するところまで労力が必要になります。

クマ　別バージョンのリビセンとも言えるお店ができているんですね。はじめる場所は、例えば東京などでもできるのでしょうか？

東野　すでに新木場には古材屋がありますが、東京は家賃が高いのでそのバランスをとる必要がありますね。あと川口市のsenkiya atonimoでは、レスキューできるものが諏訪のように多くないのが課題で。依頼があっても、マンションだったりして、古物が少ないんですよね。だから都会の場合は解体業者と組む方がよいかもしれません。彼らも捨てるのに困っているので。

◎レスキューするもの、しないもの

クマ　レスキュー先は、依頼がきて見つかるのでしょうか？そうなるまでが大変そうです。

東野　そうなんですよ。僕たちの場合は、「ポートランドのリビセンが日本にできる」と、オープン前から注目が集まって、メディアに出る機会が多かったんです。合わせて、開業資金を集めたクラウドファンディングもプレスリリースの代わりになりました。あとオープン直後に全国放送のテレビに出たことで地元の人になんとなく知ってもらえて。その後も定期的にテレビで取り上げられるので、広報はちゃんとできてるんですよね。

で、その上で「スタッフの人当たりがよい」「レスキューの体験がおもしろい」「ちゃんと買い取ってくれる」とか、よいレビューがついていきました。

浜田　どんなエリアから来られますか？

東野　車で1時間くらいの範囲が多いです。山梨県北杜市から長野県松本市あたりですね。あとこれは日本特有だと思うのですが、都道府県別にメディアが分かれていますよね。長野には長野県内のラジオや新聞があって、情報は県単位で広がります。依頼者の多くはシニア世代なので、SNSではなく新聞で情報を拾う。

なので、山梨の北杜市をのぞいたら、長野県内の方からのレスキュー依頼が圧倒的に多いですね。あとはお盆や正月に帰省した子どもたちから、リビセンのことを聞いたことがきっかけになったりします。

クマ　レスキューした後も、その人や場所と関係が続くこともありますか？

東野　ありますね。例えばリビセンから徒歩圏内の物件だった場合は、売る気があるかを聞いたり。それなら僕らも関心がある。もし物件を探している知人がいたら、レスキュー先を紹介することもあります。

クマ　レスキュー依頼ではなくて、店舗に持ち込まれることもあるのでしょうか？

東野　あります。「持ち込みレスキュー」と呼んでいるのですが、最近増えて、毎月20件ほど。ちなみに僕らがレスキューに行くのは30件ほどです。持ち込みレスキューが増えてから、ご近所さんの生活にリビセンが根付いてきた感じがしました。諏訪市のクリーンセンターへ行く前に「どれか必要なのある？」と寄ってくれたり。

レスキューの下見がてら、店舗に来てくれる人も多いです。店舗に並んでるものを見て、「うちにもこういう古道具があるんだけど」とそのまま店頭で相談してくれる。その点でも、店舗を持っているのは結構重要ですね。

クマ　もちろん買い取れないモノもあると思いますが、どう判断されているのですか？

東野　基本は、合板やプラスチックのモノは引き取りません。あとは値付けスタッフと売り場スタッフが二週間に一度値付けの相談をしています。売り場のスタッフから「これは売りやすい」「これは今在庫多いから売れない」など聞きながら決める。小物ならよいですが、大きい古材や古道具を頑張って運んで掃除して管理したものの、売れなかったらショック。そういう苦い経験を繰り返したので、チーム内でコミュニケーションをとって先に判断できるようにしました。

クマ　柱とか梁などの構造材を回収されることもありますか？

東野　構造材はＤＩＹや設計のときに扱いづらいので、根太や大引ならまだしも、メインではないですね。角材が必要なときくらいです。基本的には、化粧の部分に古材を使います。ただゆくゆくは、構造材を二次加工で板材にして再利用していく時代がくると思っています。

◎チームリビセンの役割分担

クマ　東野さんは、なぜリビセンをはじめられたのですか？

東野　名古屋市立大学で建築を学び、卒業後は東京の博展という会社で3年働きました。その後1年かけて世界一周して、帰国後はフリーランスのデザイナーに。そして2011年に東京の蔵前にあるホステル「Nui.」のリノベーション依頼がきました。2014年には下諏訪にある「マスヤゲストハウス」からも依頼をもらって。

そのマスヤの改修をした1年後にポートランドへ新婚旅行に行き、現地のリビセンを見たんです。ジャンクショップなのに、カジュアルな古材屋さんでした。そのときに、こういう場所が日本にもあったらいいなとは思ってたんですよね。で、その後もリノベーションの仕事で全国転々と仮住まいをしながら生活していましたが、空き家も解体する物件もとにかく多い。当時お金がなかったので、設計に古材を使えたらと思って、解体現場に行ってコーヒーを差し入れて、古材をもらったりしてました。

でももちろんそういう状況は僕らの周りだけではなく、各地で起こっていた。使えるのに捨てられるのはもったいないから、なんとかしたいな、なんとかなったらいいな、と最初は他力本願で考えていたんです。それで2015年に特定空き家法（空家等対策の推進に関する特別措置法）ができて、それじゃあいよいよ空き家がどんどん壊されていくぞという危機感が僕の中で高まった。それで、これは誰もやらなそうだと覚悟が決まったのが２０１５年です。その翌年にリビセンをオープンしました。

クマ　最初は夫婦お二人ではじめられたのですか？ターニングポイントはありました？

東野　最初から５人いたんです。その後１人すぐ辞めて、４人になり、半年後には３人増えて７人に。明確なターニングポイントはないかもしれません。大きく変わったというより、ちょっとずつ変化してきました。３年前に僕たちに子どもができて、それでスタッフの負担が増えたんですが、今となってはそれが良かったかもしれないと思っています。

浜田　スタッフさんたちが団結したということですか？

東野　団結感と、自分がやらなきゃ誰もやってくれない、という責任感がスタッフの中に生まれました。僕自身も多めに見ながら、スタッフに任せられるようになって。それまでは朝８時から夜12時までずっと働いていましたね。

クマ　スタッフさん同士はどのように役割分担されてるのですか？さきほどリビセンの店舗を拝見したときには、よい雰囲気のスタッフさんが多いなと思いました。

東野　全部で18名いるのですが、設計が１名、制作やレスキューが４名、古道具の店舗が４名、カフェが４名、あとは経理や広報などです。

古道具店舗のメンバーは値付けや掃除、あと売り場づくりもします。あとリビセンに興味を持ってくれて手伝いに来てくれるサポーターズのお世話もしてくれる。

レスキュー先の家にはおじいちゃんおばあちゃんがいるわけなので、人当たりがよい方がうまくいきます。レスキューの前におしゃべりして、その家や古材に関する記憶を聞いていく。

クマ　先ほどのレスキューのお話にあったように、値付けの価値基準をスタッフ同士で共有されているのが素晴らしいなと思いました。日本の古物屋では、オーナーの経歴やセンスなど属人的な判断が多いですが、リビセンではそれが組織の中でつくられている。

東野　僕らは古物の素人なので、日々勉強していくしかないんですよね。値付けは担当のスタッフに任せているので、たまにSlackの「値付けもう一声」というチャンネルで「ちょっと待って！これはもっと高くつけられると思う！」と解説をつけてコメントしたりするくらい。5000円が3万円で売れそうな場合ですね。全部が適正価格だと古物屋としてはおもしろくないので。

クマ　ポートランドの店舗にも、東野さんのようなキーマンがいるのですか？

東野　エグゼクティブディレクターという立場の人がいますが、何年かで変わるんですよね。外から出向してくることもあるみたいです。彼らは経営を見るだけで、それとは別に、長い間店舗にいるスタッフもいて。その人がマネージャーのように空気をつくっているのかもしれません。

◎真似できるようにつくる

クマ　ポートランドのリビセンはNPOですが、東野さんたちはNPOや社団ではなく、株式会社にされているのはなぜですか？

東野　アメリカと日本でNPOのあり方が違うんですよね。日本ではNPO＝非営利のイメージが強い。でも、立ち上げ当初から他の人に真似してほしいという意識があったので、むしろ株式会社としてちゃんと利益が出ている組織だと言えた方が、真似してもらいやすいなと。NPOにして寄付金が多いから成り立っているんだと言われてしまったら、元も子もないと思ったんです。

クマ　ポートランドチームとの手続きやサポートはあったのでしょうか？ロゴぐらい？

東野　そうですね、ロゴぐらいで他には何もありません。あの空気感をどう再現するかと、ということだけを考えてました。最初に行ったときはまだ全然分かってなかったのですが、2018年に行ったときはすでにこのリビセンを立ち上げていたので、改めて現地の素晴らしさに終始感動していました。僕らが悩んで悩んで出した答えがそこにはあって、妻と二人で店舗の端っこで感極まって泣いていたくらい（笑）。

クマ　ポートランドの店舗には、一見ゴミのようなモノの中に一つ光るものがあったりして、掘るのが楽しかったです。

東野　ポートランドのリビセンも、ほかのアンティークショップより断然安いですよね。近隣のショップが買い付けできるレベルです。実際に、現地のスタッフに「買い付けに来られることはないの？」と聞いたら、「彼らはスモールビジネスだから気にしない」と言い切っていました。つまり、モノが循環するなら誰が買っても気にしない。僕らもその考え方に近いんです。誰かに必要なら、転売されようが構わない。スタッフが食べていける値段で売れれば、買った人がどう使うかは関係ない。

クマ　むしろ、ちょっとだけ買うのが難しくて。ついつい入って、いろいろ見てしまいます。

東野　食器なら３００円程度で売っています。全部無印で揃えるのもよいですが、少し味のあるモノがほしいときとか、使えると思います。

クマ　ポートランドより、古道具の割合が多いですよね。ポートランドは古材が多いイメージです。

東野　ポートランドには小さい建築金物が多くて。ドアノブ、蝶番、電気のスイッチとかですね。日本だと古道具は人気なんですが、古材はあまり売れないんです。でも物件には両方あるから、どうせレスキューするなら両方持ってくる。古道具で収益を出しつつ、将来的にはちゃんと古材でも収益化することを目指しています。

浜田　古材は加工が必要だから、買った人のＤＩＹスキルが試されますよね。同時にそれが教育の機能も担保していると思います。

東野　そうですね。アメリカの方がＤＩＹスキルが高いからだと思います。みんな丸鋸を使ってテーブルをつくれる。日本では、ＤＩＹのワークショップを開催して、その参加者が後日古材を買いに来てくれたりします。自分でもう一つ家具をつくりたいと。

◎リビセン、そして諏訪のまちのこれから

クマ　公共R不動産など、エリアマネジメントが主な事業の組織とはまた異なり、古材を媒介にしながら別のベクトルで地域をマネジメントしているのがおもしろいなと思っています。

東野　近隣で設計の仕事が完結すれば、交通費も移動時間もかからないので効率がよい。

それと同時に、自分たちが関わったことが自分たちの生活エリアに落とし込まれていくので、自分たち自身の生活が楽しくなります。一緒に動ける不動産屋さんがこの辺は少ないので、自分たちで不動産仲介のようなこともやる。その方が楽しいからですね（pic.6）。

浜田　質の高い店が集積していて、おもしろいエリアとして認知されれば、そこに人が集まっていきますよね。

東野　そうですね。リビセンの近くにもカフェがありますが、お互いお客さんを奪い合わずにいられています。まち全体で訪れる人が増えているんだと思います。ただ同時に、これは妻がよく言うのですが、飲食店ばかり増えても胃袋には限界がある。だからカフェ以外にも、雑貨屋、花屋、コーヒー屋と他業種が増えているのはよい点かなと。

あとはカフェだけじゃ、地元の人は来てくれない。以前、近所で廃業したパン屋さんの紙袋を大量にレスキューして、それにカフェのスコーンを入れて売ったことがあります。すると、まちにはその紙袋を持った人が出て、地元の人は懐かしく思ってくれる。そんな接点も意識しています。SNSばかりでも僕らの活動は知ってもらえないので、店舗の前に掲示板を置いて「最近こんな新聞に乗りました」と貼ったりも。

クマ　たしかに、電柱にもリビセンの看板がありましたね。

東野　2020年頃からはじめました。SNSを使わない人には忘れられちゃうので、日々目にしてもらえるようにしています（pic.7）。

浜田　移住者も増えましたか？エリア自体の雰囲気も変わってきているのでしょうか？

東野　松本市や原村など、諏訪市周辺の方が移住者に人気で、諏訪ではそこまで移住者が目立ってません。近隣の別荘地は、僕らが移住したときには空き家ばかりでしたが、今では空き家がないと聞きます。コロナもあって、田舎暮らししながらリモートで働いている人が多いみたいです。

クマ　今後やっていきたいことはありますか？

東野　直近の課題は、まちづくり・エリアリノベーションの会社をつくること。自分たちの活動を諏訪のまちにちゃんと使い、それで自分たち自身の生活を楽しくしたい。

まずはリビセンから徒歩3分のところにある物件を改修して、そこからいくつか改修物件を増やしながら、結果的に私設の公園ができたり、ご飯屋さんや雑貨屋さんが増えたりすることを狙ってます。公園のベンチで親はお茶しながら、そばで子どもたちが遊んでいる。そういう風景がつくれそうです。

それと、今はレスキューしたモノを店先で掃除して卸していますが、今後は100坪くらいの倉庫を木工所として借りようとしてます。そうすればもっと効率よく掃除して売り場に出せる。同時に、近隣の木工所と自分たちの木工スペースでは作業を棲み分けたいんですね。そうすれば、お互いに効率のよいものづくりの仕組みができると思います。それで将来は、僕らは古材を用意するだけで設計せず、皆それぞれが古材をうまく使える状態にしたい。

浜田　古材はサイズや厚みもそれぞれ違ったりして扱いづらいので、使い方をアドバイスできたら、設計に使う人が増えていきそうですよね。

東野　そうですね。協業できる設計士のパートナーが周りに増えれば、リビセンの古材を使って、空間づくりしてもらえると思います。僕らのアイデアだけだと古材活用にも限界があるので、新しい使い方が広がっていけばいいなと。

あとは、大企業との協業もはじまっています。小さなチームのまま社会的インパクトをつくるには、僕らがコアのノウハウを生みつつ、大きな組織と組んで物流などのマスを共有してもらう方がよい。そうして古材を流通させ、新たな仕組みをつくるフェーズに入っていきたいです。ただ、古材は一個ずつ違うので、仕組みをつくるだけではどうしようもない。そこが今後の課題かなと思っています。

クマ　大企業とも協業しつつ、最終的には諏訪のまちに還元されていくモデルがつくれたら、とてもおもしろそうです。

東野　都会には古道具や古材が少ないので、それを地方まで買いに来てもらい、その周辺で経済や雇用が生まれたらよいですよね。

クマ　もちろん最初は点でのスタートになると思いますが、その点をつなげていくと、それがまちの中に可視化されていく。今の時代、おしゃれな場所ほどフィルタリングされむしろ敬遠されてしまう節もありますが、リビセンは感度の高い人も惹きつけつつ、地元の人がふらっと寄れるようにもなっていて、その間口の広さがすごいと思いました。

浜田　食もアパレルもトレーサビリティが重要とされる時代に、建築でもモノのトレーサビリティからそのモノが持っている記憶や物語を含めた価値がつくれると思いました。また、モノからはじまる人のつながりから、ある種のパブリック性がつくられていく。そういう指標で Supported by リビセンの活動が続いていくと、建築におけるモノの価値やパブリックのあり方が変わっていくのだと思います。

食

農村から展開する流通と循環

真鍋太一

プロデューサー（Food Hub Project, MONOSUS）

Food

Taichi Manabe

愛媛県出身。アメリカの大学でデザインを学び、東京で広告業界に10年ほど従事。空間デザイン&イベント会社JTQを経て、㈱モノサスに勤めながら、2012年より東京の料理人たちとNomadic Kitchen を始動。2014年に妻子と神山町へ移住。2016年4月、地域の農業を次世代につなぐ「Food Hub Project」を神山町役場・神山つなぐ公社・モノサスと共同で立ち上げ、2021年から共同代表取締役 支配人を務める。同社で2018年度グッドデザイン金賞（経済産業大臣賞）受賞。2019年より東京・神田のレストラン“the Blind Donkey”を経営するRichSoil & Co. 支配人も務める。

pic.1

pic.2

pic.3

かま屋通信

毎日いただきます

2017年 11月号

vol.02

特集：食育

みんなで作って食べよう！
神山給食プロジェクト。

pic.4

pic.6

pic.5

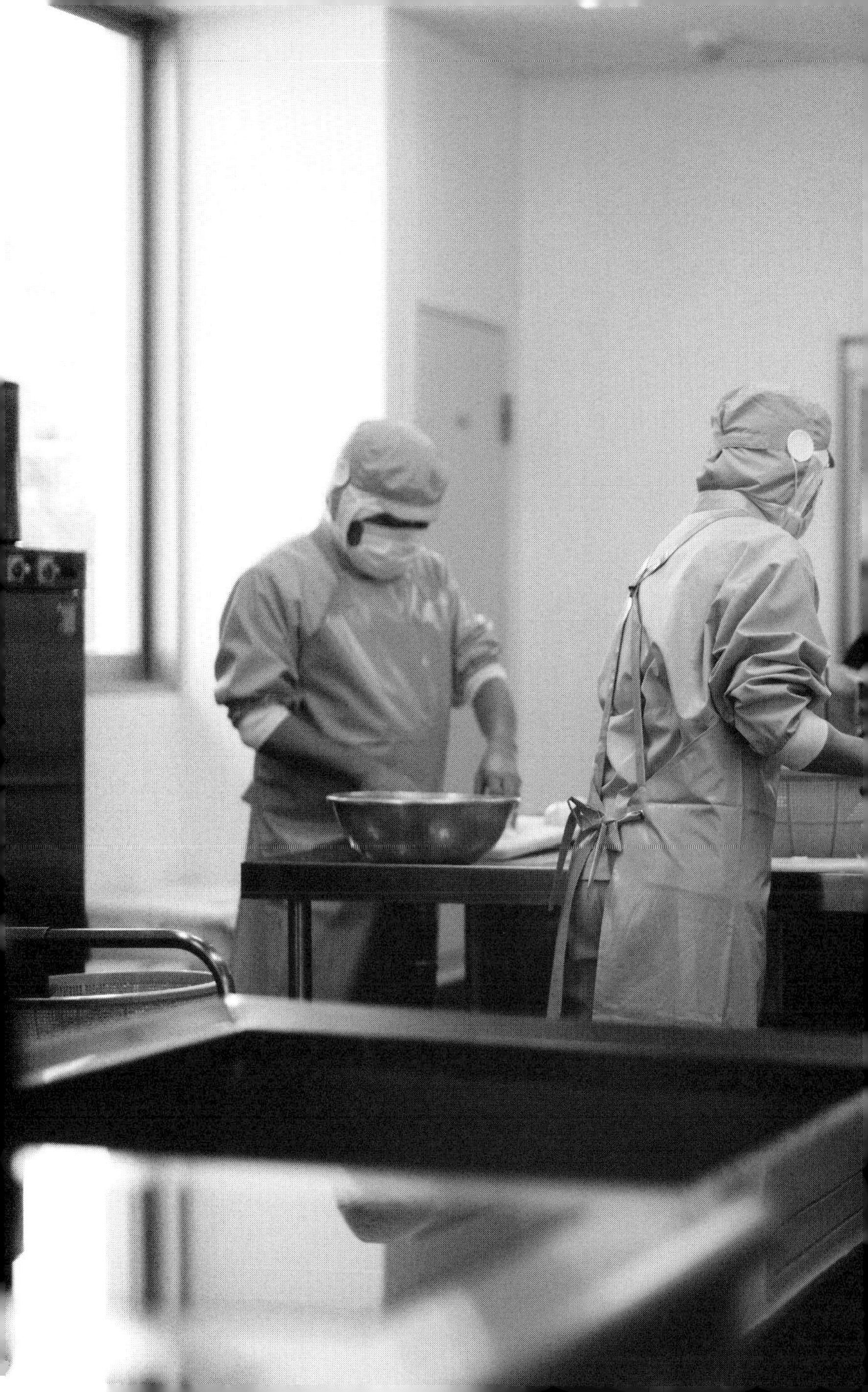

徳島の神山町と東京の代々木で食の拠点を運営されている真鍋太一さん。神山での事業Food Hub Projectでは、2016年4月に農業をはじめ、翌年1月に食堂「かま屋」、2月にはパン屋「かまパン&ストア」を開業し、さらに2018年からは加工品の製造と販売に取り組みはじめたという（pic.1）。過疎が進む中山間地域で、これほど短期間に多業種を立ち上げたのは異例とも言える。また2022年に東京の九段下で開業された「九段食堂 for the Public Good」は、オフィス街で働く人の食を支える「公益食堂」がコンセプトになっている（pic.2）。都市と地方とを行き来しながら、人やモノの新しい流れをつくる真鍋さんに、食を中心として生まれる場づくりのヒントを探る。（浜田）

◎お店の商圏

真鍋　２０２２年春、代々木に新店舗「FarmMart & Friends」を開きました。それまでGinza Sony Parkにあった店舗は、その土地柄や、地下３階の店舗という立地もあって、現場のメンバーたちが誰に向けて売っているのか見失ってしまったんです。でも代々木なら、長年、自社オフィスがあるから馴染みがあるし、地域のために店をつくれる。それで友人である料理人の野村友里さんに監修をお願いして、神山の生地を使ったドーナツを開発しました。

ドーナツにしたのは、老若男女誰でも好きですし、季節ごとに素材を変えて神山の農家と連携できるからです。あと銀座の店舗では「友産友食」と掲げていましたが、つくり手の思いが強く説教くさい言葉だったなと今は思います。でもそれをドーナツにすれば、軽やかだし、食べる側も楽しい。

浜田　物産店・飲食店の商圏は、同じ東京でも異なりますよね。神山で運営されている「かま屋」の場合、どのようなエリアから食べに来られるのでしょうか?

真鍋　定食の値段を税抜きで、町外の方は１６８０円、町民は９８０円に設定しています。数年前ですが分析したときには、売り上げの10%が町民、残りは町外でした。90%が町外なら、思い切って町民価格を安くできます。今度（２０２３年）に開校する「神山まるごと高専」などの影響で町内の利用が増えてきてるので、今後どうなるか分かりませんが（笑）。

町外からは、車でだいたい40分圏内の方が多いです。徳島市内から毎週来てくれる常連さんもいます。あとは、香川や兵庫、大阪ですね。関西圏なら車で2時間程度です。

クマ 店ではイベントなどもされているのでしょうか？

真鍋 開業当初は、広報も兼ねてかなりやりました。カレーやパエリアのイベントとか、コロナ前は海外の料理人が滞在して料理会を開いたり。今はむしろ、日常的な売り上げが安定してきたので、イベントで盛り上げる意識はなくなりました。それよりも日々たんたんと美味しいものをつくり、地域の季節の野菜を使って週替わりでメニューを新しくしていくことが大事。イベントばかりだと現場のメンバーは疲弊するし、季節ごとにテーマをつくり、ルーティーンの中で楽しむ方が贅沢だと思っています。

◎地元とどう接点をつくるか

クマ 真鍋さんたちが神山で活動されはじめてから、地元の方々にも変化があったのでしょうか？

真鍋　神山には、住民が構成する自治消防団があるのですが、最近うちのメンバーがその飲み会に参加したあとに「真鍋さんへの小言が出なくなった」と教えてくれました（笑）。当初は「あいつはなんだ」と言われていたけれど、今はむしろ移住して新規就農者として頑張っている若手に対し、「あの子はすごいよ」という話になるそうです。

クマ　新規就農者の方々も神山に来られているんですね。実際どのように動かれているのでしょうか？

真鍋　就農者にとっては家と畑が近いことが理想ですが、移住当初は Food Hub Project の寮に住み、僕たちが借りている各集落の畑まで毎日通うようになります。なぜ近いのが理想かというと、家と畑が離れていると、朝早く家を出て畑に行き夜遅くに帰る生活になるので、近所の人には「あいつは毎日何をやっとんぞ」と思われる。でも近ければ、毎日その辺りをうろうろして畑作業をすることになるので、「朝から晩まで頑張っとるな」と言われるわけです。なので寮生活からはじめつつ、畑のある集落に家を借りられるようコーディネートしています（pic.3）。

クマ　かま屋があるエリア以外にも、Food Hub の影響が広がっているんですね。

真鍋　それは意識的にやっています。どうしてもお店のあるエリアが活動の中心に偏るので、畑を通してメンバーが自然に町内に分散していくんです。その後独立して農家になる子もいますが、それでも同じ町内で数キロ圏内なので、仕入先として一緒に活動し続けています。

クマ　地元の方々と食の関係は変わったのでしょうか？食べ物への興味の持ち方やリテラシーが変わったり、スーパーに行かなくなったりなどはありましたか。

真鍋　「リテラシー」という言葉はテキストベースで得られる知識で、教育していくニュアンスが強いですが、最近言われている「コンピテンシー」という言葉は、個人の能力や適性を指します。だからこれからは社会全体でリテラシーをあげていくよりも、つくり手としてのコンピテンシーをどう引き出すかが重要だという考えがあるんです。食べることには行動や結果が伴うので、そこからコンピテンシーが発動されていくといいなと思っています。

一方で純粋なリテラシー向上のための活動としては、「かま屋通信」というチラシをここ5年ほど毎月、徳島新聞の折込チラシとして神山町内全戸（約１２００戸）に配布しています（pic.4）。僕らの活動を地元のじいちゃんばあちゃんに伝えるツールです。読まれている実感がすごくあって、最近ではまだかと催促されるほどになりました。一枚７円なので経費としてもそれほど負担にならず、メンバーにとっては自分たちの活動を整理するきっかけになっています。持ち回り制で、それぞれ「苦労していること」「やりたいこと」「これ楽しい」などを一人称で書く。自分が考えるための言葉を得ていくという点で、メンバーの教育の仕組みにもなっています。

クマ　すばらしいですね。最近は、業界で著名な料理人が過疎地域に店舗を構えるケースが増え、それならそこに行ってみたいと思うきっかけになっているように思います。でもそれはその料理人がいるからこそであって、ある意味劇場のようなハイエンドなもの。パブリック性を含んでいるわけではありません。でも今一連のお話をお聞きしながら、Food Hubは地域と料理人をつなげ、かつパブリック性をも生み出していると思いました。

真鍋　著名な料理人との付き合いもありますが、僕ら自身は「ローエンド」で食パンは一つ330円で売っているし、地元の人が日常的に買いやすい価格でつくれるかを皆で考えています。でもそのローエンドに、シェ・パニース元料理長のジェロームのような高い技術を持つ人が関わってくれている。ハイとロー、非日常と日常の掛け合わせなんです。

浜田　九段下に公益食堂を開業されたそうですが、この「公益」という言葉に求められていることは、かつての戦後は「安さ」だったけれど、今は集まってコミュニケーションが生まれるという価値の提供なのかもしれません。なので、ローエンドの中にハイエンドなテクニックを入れるのは、暮らし全体の質を底上げするようなイメージを持ちました。かま屋にいる常連さん、とくに町内の人は、一見ローエンドにその価値を手に入れているかもしれないけれど、かなり上質な食生活とコミュニティ生活を送っている。それも新しい公益性ですよね。

真鍋　そうですね。僕たちはそこにプライドを持っているような気もします。

◎学校給食への展開

浜田　Food Hub は学校給食にも関わっているそうですね。

真鍋　すでにかなり注目を集めていますが、この（2023年）春に私立の「神山まるごと高専」が神山で開校します。5年間のカリキュラムで、テクノロジーとデザインと起業家精神を学びます。一学年40人の全寮制で、2027年には200人の生徒になります。僕らはその寮での毎日の食事をつくることになっています。

それと別に、2022年の4月から地元小中学校の給食にも関わりはじめていて、毎日約210食をつくっています。給食には色々な事情が絡んでいてとても複雑です。たとえば料理自体より、人同士の接点をどう設計するかが難しかったりして。給食を配送する人の態度や給食を受けとる用務員さんとの関係性とか（pic.5）。

クマ　子どもたちがかま屋の給食を食べたら、何か引き出されるものがあると思います。

真鍋　そうなると嬉しいです。僕たちが関わりはじめてから、お米の炊き方を変えただけで「飯で飯が食える」と言う子が出てきたり。あとは残飯・残食率が明らかに減った。調理は元Googleの料理長が監修しているのですが、メニューやレシピは栄養教諭の先生が考えたものから変えられない。つまり、仕入れや調味料、食材の量もなかなか変えづらいんですね。だから関係を構築しながら、一方では調理方法を変えるだけでできることがあることも分かりました。

　例えば、今まで子どもたちにそこまで人気のなかったレタスチャーハン。料理長曰く、レタスチャーハンを給食にする意味が分からないと言っていました（笑）。調理後1時間経ってから食べるわけなので、レタス×チャーハンの良さが生かされてないわけです。そこで食べる直前にレタスをふわっと混ぜるだけの「レタス混ぜご飯」にしたところ、子どもたちが「おいしかった！」と言ってくれるようになりました。そういう細かい調理の調整を各所でやっています。他にも、給食は薄い味付けが多いですが、同じ調味料の量でも先に肉に下味をしっかりつけてから調理するだけで味が濃く感じられるんですよね。炒め物だけどぎりぎりまで煮込むとか、ボイル野菜だけど茹でずに蒸すとか。

　その調整を徐々に明らかにしていくと、子どもたちも変わった理由が分かると思います。子どもたちは味で分かっているんですね。

クマ　子どもたちに、農家とのつながりを話すこともあるのでしょうか？

真鍋　それは以前からあったようで、僕たちも徐々に伝えています。僕の娘は、家の食卓だと「これちえちゃんのカブ？おいしいもんね」など日常的に聞いてくるんです。だから給食でもそういう風になるとよいですよね。ちなみに小中学校は給食センターでつくるので難しい側面もありますが、高専は生徒の目の前でつくるので、味や人とのつながりがより一層感じやすいと思います。

あと2022年に神山で設立されたNPO法人「まちの食農教育」では、学校での食を連携させる「学校食」というコンセプトを掲げています。これまでは給食、食育、家庭科など学校の中でも食が分断していましたが、それをまとめて考えようと。彼らは、地域コミュニティが関わるCommunity Supported School Lunchを実現しようとしています。

◎建築と料理の違い

クマ　「別の地域でFood Hub Projectをやりたいのですが」という相談はあるのでしょうか？

真鍋　意外とないんです。僕の性格が悪いから相談しづらいのかもしれません（笑）。あとは日本特有の文化かもしれませんが、事業をパッケージ化して横展開していくことが少ないと思っています。いいねいいねと広げていくのではなく、皆独自でやりたがる。色々突っ込まれたら面倒だと思うのでしょうか。僕も気になっているポイントです。

クマ　もしそういう相談がきた場合、はじめるには何が必要になるのでしょうか？

真鍋　料理人ですね。僕たちは食のサプライチェーンのすべてを自分たちの手元に取り戻すことを考えてきましたが、そこで鍵になるのは料理人。農家だけではできません。その土地に寄与できるパブリックなマインドを持った料理人を移住させられるか。僕みたいなプロデューサータイプの人間は、料理人と農家や漁師の関係をどうつくっていけるかが試されると思います。

クマ　たしかに、料理人は目利きの役割として欠かせないかもしれませんね。地元住民には当たり前の料理を、これはすばらしいと言える人がいるかどうか。そういう役割と、一方では料理人としての個性があれば、飲食店という場が舞台として機能していきますよね。

真鍋　そうですね。さらにはそこにつくる過程があるとよいなと思いますね。価値があると思われていなかった素材を、よいものに昇華させて使い、何かしらの商品になっていく。それがまた別の価値を生み、さらにつくり続けられるものになるか。さきほどのイベントの話とも関わりますが、飲食店では毎日同じものを再生産できるかがかなり重要だと感じるようになりました。それができなければ、地元には残らないし、地域で食べつないでいくこともできない。

レストラン空間の質や舞台性も重要かもしれませんが、結局は日々のやりとりがコミュニティに浸透していくので、そのバリューが必要です。建築は何年かかけて竣工しますが、料理は毎日。アウトプットの頻度が高いんです。打つ球が多いし、関係性も多い。だからコミュニティを強化する機能として重要になる。

浜田　かま屋の常連さんのように車で40分かけて来てくれるとか、「常連」という状態は食ならではのおもしろさだと思います。それが日々の生活に組み込まれて、かま屋を中心として集まる場所ができていく。

真鍋　僕も関わる神田のレストラン「The Blind Donkey」で働くかま屋の元店長は、花が好きで。いつからかその辺に生えている草花を食堂に飾りはじめたんですよね（pic.6）。そしたら、近所のじいちゃんが、「この花やるわ」と持ってきてくれるようになった。それで僕が、花を持ったじいちゃんの写真をインスタにあげたら、遠方に住んでいたお孫さんがたまたま見てくれて。「じいちゃんや！」とびっくりして本人に連絡したそうです。

それ以降、じいちゃんは「写真を撮ってくれ」ともっと来てくれるようになって、そういう何気ない話がおもしろい。

クマ　イベントではなくお店という定点だからこその意味も大きいと思いました。そこに行けばその人がいるという客側の目線の一方で、料理人は定点でいないとつくれないものがある。短期間だけ滞在してリサーチして料理をして帰ってくるのではなく、そこに暮らしながら料理をする意味は大きい。

その点、建築家はイベント的振る舞いをしているとも言えるかもしれません。つくった後に居続けられるわけではない。でも料理人はそこでつくり続ける。それこそが、そこで場が生まれる一番の鍵かなと思いました。

真鍋　たとえ飲食店でも、何も考えずに仕入れてつくるだけなら、コモングラウンドは生まれづらい。地域の人とつながりながらやらないといけません。

以前、働き方研究家の西村佳哲さんが、「プライベートとパブリックの円の間、真ん中の重なりをコモンと呼んでいる」とお話しされていました。パブリックはパブリック、プライベートはプライベートで分けるのではなく、そこが重なり合うところ、つまりコモンでの協業が必要です。僕たちは神山町役場も出資する第三セクターでもありますが、そういうかなり公共的なことを私企業が担っている。役場だけでは担えない課題解決を、自分たちはビジネスとして楽しくやるというはみ出し方だと思っています。

◎なぜ Food Hub Project を？

クマ　真鍋さんがここまで辿り着いた経緯をお聞きしたいです。

真鍋　大学ではデザインを学んでいて、深澤直人さんや原研哉さんなど著名なデザイナーに憧れていました。社会に出てから小さな広告制作会社に入ったんですが、よくある行き詰まりに直面して。これでよいのかと思い一度渡米したんですが、失敗して帰ってきたんですね。その後、ＪＴＱの谷川じゅんじさんの空間デザインの会社に入りました。

震災直後には野村友里さんやシェ・パニースのメンバーと食関連の大きなイベントをやり、僕は現場のプロデューサーとして関わりました。それが圧倒的におもしろくて、デザインやクリエイティブにおいても、自分は食の分野なら世の中を変えたり、接点を持てると思ったんです。

それで、そのイベント後も日本の料理人たちと一緒に Nomadic Kitchen という屋号で活動を続けました。具体的には、日本各地に行って食のイベントをやるのですが、そのときは地元のつくり手が賛同するまでやらないと決めていました。だからこそ関係をつくりながら、すごく時間をかけた。結果、今でもたくさんのつくり手の方々とお付き合いをさせていただいています。

浜田　プロデューサーとしての職能と、イベントという場の力が関わり合って、食の分野に出合われたんですね。

真鍋　ただ一方では、当時自分は横に動き続けて疲弊していて、地元は愛媛だし、田舎に引っ越して何か自分でやろうかと考えていました。そして神山に移住して2年ほど経ったタイミングで神山の地方創生ワーキンググループに誘ってもらいました。そこで、食をテーマにしたグループで出会ったのが今Food Hubで共同代表を一緒に務める白桃薫です。

浜田　Food Hubのアイデアは、どのように着想されたのでしょうか？

真鍋　その頃に、雑誌「WIRED VOL.17」の特集「NEW FOOD」（2015／8発行）で「Food Hub」という言葉を知ったんです。アメリカ農務省の考え方で、これを日本にカスタマイズしたらおもしろいと思いました。それで企画書で皆に提案し、賛同してもらって。それを骨格に、農業をはじめ地域の課題、食の課題を肉付けして企画ができました。今のFood Hubはその企画書のまま立ち上がっています。

なので当初から野心があったわけではなく、出会いの連続で今に至る。でも結果としては、やりたいことができなかった広告業界を経て、今はやりたいことができていますね。

それはプロデューサーとして色々なものづくりに関わりたいという欲求でもあって、広告以外にも商品、場、ウェブサイト、冊子も。ありがたいことに周りの協力があって今は全部やれています。

クマ　店づくりなどのノウハウは勉強されたのでしょうか？

真鍋　それまで店をつくったことはなかったので、最初の3年は潰れそうでした。僕自身はFood Hubの給料は5年なく、今は利益がちょっと出る程度になりました。あるとき、シェ・パニースの料理人であるジェロームが店に来て、「一個の料理に手をかけすぎている」と指摘をくれました。その後、コロナ初期に1か月間お店を閉めているときに、彼自身がオペレーションを見直してくれて、5人から3人で回るようになった。そのときに、今の定食のスタイルが生まれました。定食だけれど、コース料理のようにも見える。そういう設計はプロの料理人じゃないとできないと思い知らされました。このスタイルにしてからは、お客さんの満足度も利益率も格段にあがっています。

◎流通のスケールと、コミュニティとしての認証制度

クマ　農の業界構造についてはどのようにお考えでしょうか？

真鍋　既存の大規模流通には市場原理が働きすぎているため、そこからオフグリッドし、農家たちと直接やりとりできる中規模での仕組みを考えています。Long か Short かではなく、Medium なサプライチェーンです。「農家の顔が見える関係を」と言われても、中央卸売市場に通した時点で分断されてしまう。それは Long サプライチェーン。

　一方で Food Hub や各地の道の駅は、Short サプライチェーンです。そういう二項対立の中で、その真ん中の Medium がほどよいのではという研究を、鳥取大学准教授の大元鈴子先生が進められています。彼女はそれを『ローカル認証　地域が創る流通の仕組み』（２０１７、清水弘文堂書房）というご著書で提唱されていて、僕も影響を受けています。

浜田　おもしろいですね。実際に進んでいきそうなのでしょうか？

真鍋　今は本当に周囲のバイヤーの方々に助けられていて、長年 Food Hub のファンでいてくださるバイヤーの方々がいるから東京にも野菜を卸すことができ、密なつながりややりがいが生まれています。それと同時に僕たち自身の出口としても中規模サプライチェーンが必要で、それが一飲食店や一農家単位だと個別対応が多すぎて難しいけれど、社食規模で１日７００食を３か所くらいで実現すればそれだけで２０００食になります。それくらいの規模で回る物流の仕組みをつくりたいんです。

クマ　物流が変われば、必然的にメニューも変わっていくかもしれませんよね。

真鍋　そうですね。九段食堂のサラダバーでは、Food Hub の農業チームが葉物を育て、何がどの時期に調達できるかでメニューが組まれます。料理人が考えたメニューのために全国から葉物を集めるのではなく、僕たちが育てられるものを育て、それを料理人とやりとりしながら、食べてくれる人が満足できるサラダをつくる。サラダバーの一つひとつ、すべてが畑につながっている仕組みができつつあると思います。

浜田　生産力と物流から、即興的にメニューが決まっていくのはエンターテイメントとしてもおもしろそうです。

真鍋　今仲間たちと勉強しながら、食料主権（Food Sovereignty）をテーマにしたローカル認証の構築について考えています。一つの参考は、アメリカ発の企業認証制度「B Corp」。現状日本では Patagonia や Allbirds などが認証されていますが、社会、地球環境、従業員など多方面に配慮しているか、よりよい社会づくりに貢献しているか、という認証です。ならば、クラフトな食をベースに、日本が世界に誇れるような認証制度があってもよいのではないかと考え、コミュニティベースで立ち上げを考えています。

クマ　認証制度と聞くと、権威主義的な大きな母体があるような印象でしたが、草の根的にお互い協力しあいながら立ち上げられたら素晴らしいですね。

真鍋　そうなんです。B Corp でおもしろいのは、認証された企業同士が連携し合っていること。コミュニティになっているんですよね。社会に貢献する会社だから、最初の探り合いをすっ飛ばして「これつくろう」とか「これコラボしよう」と話が進む。最初に地域に入るとき、お互いに警戒し合うところがあると思うのですが、それだと関係づくりにすごく時間がかかります。何度も通ってコミュニケーションをとり、ようやく打ち解けて、そこから何か一緒にやろうという話になる。でももはやそんな暇はなくて、もっとスピード感を持たないと、今は消えてなくなっていくスピードの方が早いんです。

そしてそこには、それを面的に底上げする仕組みが必要。B Corp の場合は、認証企業同士「そこはちゃんとやってるよね、じゃあ次はどう進めようか」と、認証を軸に早く展開できます。それがお金を出せばもらえるような眉唾タイプの認証ではないからです。

浜田　警戒し合うところから、信頼し合える仕組みに変わっていく。そのコミュニティに入れば、最初からなんとなく分かっている、共有できている状態になるわけですね。

クマ　神山町での Food Hub のプロジェクトも食を媒介として、かま屋などの新しい公共空間をつくっていますが、認証をベースとするつながりは、公共圏としての、オルタナティブ・パブリックだと思いました。このコミュニティには場所が関係ないので、色々飛び越えて展開できることに可能性を感じます。

浜田　大企業をやめて地方移住し、漁師になった方のお話ですが、その移住先は漁業協同組合があまり機能していなかったので、産直通販サイトで消費者に直接販売されているそうなんですね。そしたら、給料が大企業のときより断然増えたそうなんです。つまり、デジタルテクノロジーを使ったりして個人でもそういうビジネスができる人は生き残れますが、とはいえそれも全て自己責任になっている。もし何かトラブルが生じたときに、認証制度をベースにしたコミュニティが必要になる気がします。同時に、デジタルテクノロジーやアプリに慣れない人は、その点でのノウハウの共有があるとよいかなと。それができると、一次産業の流通も現代版に変わっていくのではと思いました。

ランドスケープ

園芸による風景への参画

石川 初

ランドスケープ・アーキテクト（慶應義塾大学環境情報学部）

Landscape

Hajime Ishikawa

慶應義塾大学環境情報学部教授。博士(学術)。京都府宇治市生まれ。東京農業大学農学部造園学科卒業。鹿島建設建築設計本部、HOKプランニンググループ、株式会社ランドスケープデザインを経て2015年4月より現職。外部環境のデザインや地図の表現などの研究・教育を行っている。著書に『思考としてのランドスケープ　地上学への誘い』(LIXIL出版、2018年。2019年度造園学会賞著作部門)『ランドスケール・ブック』(LIXIL出版、2012年)『今和次郎「日本の民家」再訪』(瀝青会として共著、平凡社、2012年。日本建築学会著作賞、日本生活学会今和次郎賞)など。

pic.1

pic.2

pic.3

pic.4

pic.5

pic.6

pic.7

pic.8

ランドスケープや景観は、常に街に開かれて存在している。生活する人の視界に入り続け、それを皆で共有している。ランドスケープ・アーキテクトの石川初さんは、都市や農村の外部環境を考現学的かつ独自の目線で観察してきた。自然発生的であり、工作的につくられた風景には、計画者によって一元的にデザインされ管理されることによって生まれるのとは異なるおもしろさや美しさがある。ディスカッションの中で出てきた「園芸」という概念は、必ずしも植物や農作物を育てるということに限らず、「手をかけて育てる」というように、より広い意味で捉えられる。都市における共有物としての外部環境が個人的な活動によって育っていくことで、パブリックを個々人がつくり共有しているという意識につながるかもしれない。そのような園芸的振る舞いを通して醸成されたパブリックは、愛着に満ちた場に育っていくのではないだろうか。(浜田)

◎園芸が風景をつくる

クマ　最近は、建築家が設計する際に植物を扱うことが増えたように思います。一方、無駄に植栽されていたり、難しさも感じています。例えばユーザーに園芸的に育ててもらうとか、単に植栽を増やすだけにはならないアプローチを考えています。

石川　「園芸的に育てる」はおもしろいアプローチだと思います。私は学生によく、植物は、「造園」と「園芸」と「雑草」に分けて考えると理解しやすいと言います。

「造園」は計画的に植栽されたもので、「園芸」は主に個人が愛でるために植えたもの。「雑草」は勝手に生えてきたものです。「造園」や「雑草」と対比すると、街の植物のありかたとしての「園芸」というものがよく分かると思います。たとえば、必要な緑化面積を満たすために植栽される「制度としての緑」は造園ですが、その緑が育つには「雑草」が生えるような環境が必要です。「園芸」はそのような、造園の基盤と雑草の環境を前提にして、人の世話によって成り立つものです。園芸とは、弛まぬ世話なので、犬を飼うようなものです。植栽すればあとは自立生成されていくと思っている人もいますが、その後一緒に育てていくことを考えないと、園芸はできません。

クマ　建築では、使い手がインテリアとしての植栽には参画できても、エクステリアにはなかなか参画しづらいと思います。その点園芸なら、使い手が都市の境界のデザインに関わりやすいのが魅力ではないでしょうか。家というプライベートな場所でも、その境界をデザインして景色をシェアし、結果パブリック性を帯びることがあります。

石川 そうですね。私はさまざまな場所で「園芸ウォッチ」をしています。園芸の解像度の高さや変化のスピードに興味を持って観察し続けています。園芸という個人的営みが、そのスケールからはみ出して共有の風景をつくっていることに興味があり、それは造園にもつながる。造園は制度なので気候や環境の変化から置き去りにされることがあるのですが、園芸はパッと追従するのもおもしろい差異です。

浜田 先生の研究室がフィールドにされている徳島県神山町にも、園芸的なものがあるのでしょうか？

石川 古い友人が移住して、声をかけてくれたというご縁があり、研究室の学生たちと一緒に２０１６年から神山町に通っています。四国山地の山あいの農村の風景に魅了されてきたのですが、それがある意味で園芸的に維持されていると考えるようになってきました。

クマ ランドスケープが園芸で維持されているというのは、どんな場面で思われたのでしょうか？

石川　神山町に限ったことではないのですが、農村の景観は全体計画があるわけではなく、その風景は長い時間をかけて土地のコンディションに対して適合する土地利用が行われてきたことのあらわれです。神山町のある四国山地の農村は、山の上の方にまで農地がありり人が住んでいるのが特徴的なのですが、地形が急峻なので農地一つひとつの面積が小さく、いわば解像度の高い風景に見えるのです（pic.1,2）。それぞれの農地がそれぞれの事情で細かく維持されることで、トータルな風景の秩序も感じられる。これが「園芸的」な風景だと感じる所以です。

浜田　おもしろいです。以前僕も神山町へ伺いましたが、その風景は美しく、産業的・大々的につくるだけじゃない工作的ルールを設定し、地域外の人にも伝えられると、それが現代らしい景観になるかもしれないと思いました。経済合理性に反することはできないけれど、町で起こっていることは、合理的。合理と倫理みたいなものの結晶だと思います。

◎アメリカ、イギリスの園芸世界

クマ　石川先生は造園設計実務も経験されていますよね。どのようなプロジェクトに関わられたのでしょうか？

石川　ゼネコンの設計部の造園部門でしたし、当時はバブルのはじまりの頃でしたので、総合リゾートの計画やニュータウンのマスタープランから個人住宅の庭園まで、さまざまなプロジェクトに関わる機会がありました。その中で、私は特に住宅地のランドスケープに興味を持つようになりました。個人の庭と公共の景観との関係みたいなことに、当時から興味があったんだと思います。

浜田　日本以外の場所でも設計をされていますよね。

石川　勤め先のゼネコンがアメリカのＨＯＫという設計事務所と業務提携することになり、その一環で研修生としてＨＯＫの本社に派遣されて、３年間働いていました。

初めてアメリカの住宅地のランドスケープを見たときは感動して、アメリカのいろんな都市の住宅地を見て回ったり、歴史や仕組みを調べたりしました。典型的なアメリカの住宅地は前に和の芝生が連続する景観が特徴ですが、あれは公共の土地ではなく、個人の敷地が連続しているのです。住民がそれぞれ自分の家の前庭を芝刈りすることで住宅地の風景が成り立っています（pic.3）。つまりコモンとしてのランドスケープ。個人の手入れによって、住宅地の景観も自宅の不動産価値も、結果として地域の安全性も保たれる。自宅の周りをきれいにすることはコミュニティへの責任でもあるんですね。

クマ　アメリカのように個人の庭が連続する住宅地は、日本でも開発されたのでしょうか？

石川　１９９０年代には、神戸市の西神ニュータウンに北米の住宅地が輸入された「シアトル・バンクーバービレッジ」という開発がありました。最近は直接見ていないのですが、Google Map のストリートビューで見ると、今でも住民の方によって家の外構がきれいに手入れされていて、一般的な日本の住宅地とはずいぶん違うようすです。

ただ、そのプロジェクトは規模も小さい実験的な開発で、これを日本の住宅地全般に適用するのはなかなか難しいとも思いました。

浜田　それはどのような点でしょうか？

石川　一つには先ほど言ったような、芝生の管理を通して共同体に貢献するという住民の姿勢の問題があります。アメリカには公共に対するボランティアに積極的な文化が強くあります。芝刈りは公共への貢献が大きなモチベーションになっています。どのようにその文化が形成されてきたのかは、いろいろな研究があるんですが。

また、住宅の敷地面積や建築の密度などの条件、芝生に対する感覚の違いもあります。さらに、日本は高温多湿で雑草が生えるスピードが速いので、アメリカの乾燥地帯よりも芝生を美しく維持する労力が大変、という事情もあります。そんなことを考えているとき、家族がイギリスに留学して、イギリスの住宅地のランドスケープを沢山見る機会があり、イギリスのほうがおもしろいヒントになるかもしれないと思いました。

クマ　どんな場面でそれを実感されたのでしょうか?

石川　イギリスでオープンガーデンを経験したときです。イギリスには、個人の庭を一時的に開放して多くの人が訪れるオープンガーデンの文化があり、それを束ねるいくつかの全国的な組織があります。

１９２０年代にはじまった「ナショナルガーデンスキーム（ＮＧＳ）」は規模が一番大きく歴史も長い。立ち上げの経緯は、在宅看護のために地域に派遣される看護師や、子どもの医療などへの支援金を集めるためにガーデンを利用しようというアイデアでした。イギリス人は園芸がとても好きなので、自分の庭を人に見せたい、分かち合いたいと思っていて、そのモチベーションで基金を集められると。

浜田　おもしろいですね。どのような仕組みになっているのでしょうか?

石川　庭のオーナーに募集をかけ、ある１日をオープンガーデンとして設定し、訪問者から入園料を受け取り、そのお金を運営組織が集めて、医療機関などへ寄付するという仕組みです。

それが大成功して、何百という庭が登録され、基金もたくさん集まったそうです。そこからさらに広がって、今は全英で6000件ほどの庭がNGSに登録されています。文化財級の貴重な庭、元お屋敷の大きな庭、ロンドンのタウンハウスの裏庭など、さまざまな種類の庭があります。「少なくとも40分滞在して楽しめる」「デザインのスタイルがはっきりしている」などというクライテリアがあって、登録にはそれなりに厳しい審査があり、オーナーにとって自分の庭がNGSに登録されていることはちょっとしたステータスです。

庭のオープン日は、NGSのウェブサイトで確認できます。他にはそれらの庭が掲載された「イエローブック」という電話帳のような本もあります。イギリス滞在時にこれを見れば、その日自分がいる場所の近くに一つや二つはオープンガーデンがあることが分かります。

クマ オープンガーデンの日はどんなことが起こるのでしょうか?

石川 ウェブサイトの説明によると、オープン日は最短1日ですが、2~3日オープンしたり、春と秋だけオープンするオーナーもいるそうです。オーナーはその日のために1年かけて庭をチューニングし、満を持してオープンする。その日は庭好きが集まるので、いい情報交換の場になります。

私が見た個人庭でも、どうやったらこんなにキレイに咲かせられるのか、みたいな質問を訪問客がオーナーにして、熱心に会話していました。庭によってはお茶やお菓子を出したり、苗を売ったりするところもあります。NGSが集めた入園料の寄付先などは年次報告書に記載されて、ウェブサイトで公開されています。こうして、オーナーの個人的な趣味が社会的意義に転換されるわけです（pic.4,5）。

浜田　おもしろいです。イギリスの園芸は、アメリカのようなコミュニティへの奉仕感覚からはじまってないわけですね。

石川　そうですね。イギリスから日本に帰る飛行機の中で自分が撮影した写真を見返していたら、個人の庭の写真が一番多くて驚きました。一人の観光客にとって、イギリスの国土の風景が個人の庭の印象でつくられる。自分の庭をきれいにすることが、国全体のランドスケープを左右してしまう。これは、アメリカのコミュニティに対する貢献のあり方とはまた違う方法だと思いました。

そして、日本ではこのような、パーソナルなガーデニングが結果としてランドスケープをつくるやり方が、アメリカのようなコモンとしてのランドスケープの方法よりも合うのではないかと思いました。

浜田　たしかに日本では、建築や都市計画の分野でも、景観を統一するような強いプランは少ないですね。

石川　イギリスのオープンガーデンで痛感したのは、仕組みのデザインが重要だということです。例えば東京のいわゆる下町の路上では個人の園芸で街路の景観ができていることがよくあります。日本の都市にもそういうポテンシャルはあるので、あとはどんな仕組みでそれをランドスケープにするかだと思います。

クマ　日本で園芸がうまく仕組み化されている場所はあるのでしょうか？

石川　結果として個人の園芸がランドスケープをつくっている事例は、団地のオープンスペースなどで見られることがあります。民間の集合住宅では共有部分がきちんと管理されていて、個人が勝手に花を植えるのは難しい。一方、都営団地などではルールの運用がゆるく、個人が自由に花を植えている場所をよく見ます。

　今は建て替えられてしまいましたが、都営青山北町アパートの庭がすごかったです(pic.6)。バラのガーデン、里芋の畑、イングリッシュガーデン風などと、それぞれ1坪くらいの個人ガーデンがパッチワーク状にオープンスペースを覆っていました。

クマ　ニューヨークにもそんな風に住民が参加できるポケットガーデンがあります。市が運営しているので鍵がついていますが、それでも街中にあると景色としてはおもしろかったですね。

◎園芸のルール化

浜田　アメリカ、イギリス、日本の話が出てきましたが、それぞれ景観を考えている点では共通していても、アメリカは防犯、イギリスは医療などへの社会的サポートなど目的が異なりますよね。そうなると園芸をランドスケープにするにあたり、日本でも社会課題の解決が目的になるかもしれないと思うのですが、その場合どんなものがありうるでしょうか。

石川　日本では、大きなスケールでの社会問題の解決が個人の作業の動機に結びつきにくいので、欧米とはまた異なるやり方を模索する必要があると思います。日本の園芸家の間でもＮＧＳは有名で、これまでも各地で試みられています。それにもさまざまなパターンがあって、有志の市民がはじめる場合や、商工会などが観光目的ではじめる場合、自治体が地域振興の一貫として呼びかける場合もあります。ただまちづくりが動機だと、その地域だけが対象になるのでそこから外には広がりづらい。あと自治体主導だと予算がつかなくなると消えてしまう。そういう難しさがあります。

日本全国のアマチュアやプロの園芸家たちの庭を載せた『オープンガーデンガイドブック』（マルモ出版）という本があるのですが、日本では全国規模にせず、ご近所くらいのスケールで展開するのが合っているのかもしれないと思います。

クマ　地方の公営団地に行くと、おもしろい庭が結構ありますよね。

石川　首都圏近郊の駅周辺の再開発プロジェクトで、その一角のタワーマンションを含む集合住宅の外構設計を担当したことがあります。敷地内に計画された駐車場棟のボリュームが大きかったので、その屋上を住民の菜園にする設計をしました。駐車場の屋上なので、車1台分の5m×2.5mを一つの区画として、マンションの住民に貸すことを提案しました。駐車場一区画の大きさは、都営住宅のガーデン一つのサイズにも近い、ちょうどいい大きさなのです。

竣工から何年後かに見に行ったときには、市民農園としてさまざまなものが育てられていて、素晴らしい光景でした。同じ再開発地区の商業施設にはホームセンターもあり、その園芸担当のスタッフが指導に来るようになったそうです。ホームセンターとしては、苗や道具を売る機会になっているようです。

クマ　そのようなルールをつくることにより、おもしろい園芸が可能になるんですね。

石川　Google Map で見ると、今でもパッチワーク状のガーデンが見えて、園芸活動が続いていることが分かります。

浜田　造園は、まず美しさや景観づくりを目指しますが、園芸は、生活に必要なものをつくる行為であり、結果美しさがあったりする。だからこそ、園芸が持っている力がどう風景をつくっていくかを考える可能性はあると思います。

石川　その地域を自分たちの庭として何かしようと思う人がいない場合、たとえば賃貸住宅の周りは雑草が生えがちです。一方、整備された街路樹の根元に近隣住民が花壇をつくる地域もある。住民の園芸活動があまりに盛んな場所では、後から自治体が追認して、「ここは地域の方に任せています」というようなサインが掲げられていたり。こういうのはまさに「オルタナティブ・パブリック」ですよね。自発的な園芸を計画的に促すことは難しいですが、園芸が出現したところを後から半造園化することはできると思います。

浜田　確かに、園芸をルール化するのはジレンマを抱えることになりますね。自発性を促す隠れたルールが設計できるとよいのかもしれません。

石川　園芸行為それ自体をルール化することはできないですよね。園芸が可能な場所を指定する、というような一つ上の次元のルールは可能だし必要そうです。また園芸には自発を促す資源や環境も必要です。雑草も生えない条件の場所では園芸も起きない。そして、ある種のゆるさも必要です。制度化するには工夫が必要だと思います。

例えば、よく知られている園芸的風景がつくられた事例として、アメリカのパークレットがあると思います。使われていない路上駐車の区画に芝生やベンチを置いて「パーク」

にするという一種のゲリラアート活動としてはじまったものです。おもしろがって真似する人が増え、路上の駐車場が占拠され続けるようになり、全国的な運動にまで広がりました。今ではニューヨークやサンフランシスコで制度化されています。その歩道に面した飲食店などが企画し、デザイナーを雇ってプランを描き、行政から許可が降りれば施工できます。

パークレットは私が研究していたアメリカ型のランドスケープとは違い、もう少しパーソナルなもので、造園的というより園芸的だと思いました。

クマ パークレットのように、ある程度の制度やシステムづくりが必要になりますよね。

石川 店の前にパークレットをつくりたいとか、丹精込めた自分の庭を一年に一度くらいはオープンしたいとか、園芸の持っているそういうポテンシャルを、うまく共有する、それが都市の風景になるようにする仕組みがデザインできるといいですね。

クマ 市民農園の場合は、それぞれの住民の園芸レベルをあげていく必要があるのでしょうか？

石川 全員が園芸の達人になる必要はないと思います。誰かが育てた野菜を皆で分かち合うというような行為でも、ランドスケープがつくれる。

成城学園駅の近くで、地下化した小田急の線路の上が貸し農園になったのですが、道具がイギリス製の高価なものだったりして、ちょっとおしゃれな農園なんです（pic.7）。レンタルのメニューには「栽培代行サービス」もあったりして、それって農園を借りる意味あるのかと最初は思ったのですが、実際に行ってみると雑草が生えているよりも維持管理された農地が並んでいるほうがいい感じに見えます。栽培をプロに任せたとしても、それはそれでありかなと思います。

◎園芸のポテンシャルをどう活かすか

浜田　一連のお話を伺いながら、それぞれの園芸家は暗黙知やナレッジの蓄積を個別に持っていて、それを皆で共有して高め合っていると思いました。例えばそうしたナレッジがまとめられた地域別のガイドブックがあると、移住して間もないときはそこに書かれたことを真似してみることもできる。ナレッジをどう共有していくかが、園芸とそれによるランドスケープを考えるときに重要になると思います。

石川　私は最近「現代農業」っていう農家の方が読む雑誌を定期購読しているんですが、手づくり農具の特集とか、草刈りのノウハウの記事とかがあって、とてもおもしろいです。今はYoutubeで「園芸」って検索すると園芸系のYoutuberのチャンネルがヒットして枝の選定とかオススメの野菜の育て方を教えてくれますね。そういうレベルのナレッジの共有は進んでいると思います。

ただ、園芸の特徴の一つは同じ地域や隣接した敷地でも場所が変わると地面のコンディションが違ったりするし、手掛ける人や季節によっても違ったりする、個別で具体的な事象だということですね。だから、メディアで発信、共有されるナレッジもさることながら、その場所でシェアされるナレッジや実物の力が大きいと思います。時々、一つの路地であちこちの植木鉢に同じ品種の花が育っていて、きっとこの路地のどこかに達人がいて、殖やした苗を分けて回ってるんだろうなと思うことがあります。園芸に熟達してくると、初心者に苗を分けたり、おいしくできた野菜や果物をあげたりしたくなります。園芸はそういうナレッジの共有のメンタリティを促すように思います。

クマ　僕が運営するシェアハウスに石川先生が来てくれたとき、屋上が「食べられる庭」になってたらよいねと言っていただきました。「食べる」のも一つのモチベーションだし、園芸的なものがはじまるきっかけにはよい。そういう場所が、僕のシェアハウスだけじゃなく日本全体にできたらおもしろいと思います。

石川　以前、千葉大学名誉教授の木下勇先生が「エディブルウェイ」というプロジェクトを仕掛けておられました。千葉大学と松戸駅の間の道に、プロジェクトのロゴを印刷したフェルトのプランターを配置し、野菜を栽培できるようにしたそうです。それでできた野菜を皆で食べたり。そこを歩いていると、エディブルウェイのプランターが色々なところにあって、街の文脈をつないでいる。これも園芸をランドスケープに展開する方法の一つだと思います。「食べられるランドスケープ」ですね。

◎モザイクのデザイン

浜田　園芸をランドスケープに展開するために必要な情報の可視化や共有は、デジタルが得意なことだと思います。先ほどのNGSのイエローブックのような紙媒体も、デジタル化していくことで、より一層広がりそうです。園芸的ナレッジをデジタルでどう共有していくかが考えられそうですね。

石川　「デジタル化」には2つの意味があると思います。NGSのイエローブックは何年か前からスマホのアプリもあって、位置情報を使って近くのオープンガーデンが表示されたりします。また、園芸を理解するために比喩としての「デジタル」が有効だと思います。都市スケールの風景を人の身体の届く範囲、つまり5m×2.5mのピクセルに分割するのは、ある種のデジタル化だと捉えられます。園芸的なランドスケープは整った絵である必要はなく、モザイクをかけた風景もある。そのモザイクのデザインをする可能性もあると思います（pic.8）。

浜田　人間一人がタッチできる範囲は限られているから、５ｍ×2.5ｍの駐車場に落とし込むくらいが管理しやすいし、結果的にそれが色々な風景をピクセル絵のようにつくっていくわけですね。

石川　ある特定の風景像が描かれて、それを支える秩序をたとえば１ｈａの敷地全体に行き渡らせようとすると、１ｈａのオーダーを維持するパワーが必要になります。でもモザイクだとそうはならない。モザイク状のガーデンをつくることは、ランドスケープの民主化なんだと言えるかもしれません。土地の民主化。もっとも、その土地の秩序を維持する権力構造を、より巧妙にしてしまうという可能性はあると思いますが。

クマ　必ずしもモザイクは平面だけでなくてもよいのかなと思いました。立面、つまり塀かプランターか、などのモザイクのデザインもありそうです。

石川　空間的なモザイクだけでなく、時間的なモザイクもありますね。先述したパークレットなどは、時間のモザイクのデザインだと言えます、駐車スペースがガーデンに変化する。でもそのガーデンは翌年は駐車場に戻るかもしれない。そんなふうにポツポツとオン・オフしながら、街路での全体のガーデンの量は維持される。時空のモザイクです。

クマ　なるほど。園芸によるランドスケープを考えるときに、メタレベルな視点が必要になることがよく分かります。

石川　園芸に携わると、メタとベタの行き来をしなければならないので、その視点は次第に養われると思います。一つの草花に対するケアと、それが集合したときの群としてのケア。園芸はその両方と向き合うことになります。それがさらに拡張すると都市のスケールになっていきますね。

クマ　僕は建築家として、ハコモノだけつくりその後はユーザーに委ねる方法に限界を感じています。しかも、たとえ設計段階で住民参加のワークショップがあっても、その目的は住民の反対を避けるためで、よいものをつくるという動機ではなかったりする。だからこそ、園芸的アプローチでは、一人でもできることで都市に関われて、ある程度公共性のある景色がつくれるのではと思いました。

浜田　都市に暮らす人々は多様で、それぞれ何かしらの固有のロールモデルがあると思います。そのように皆でこの都市を耕しているんだという認識をもつことで、主体的な生活者による新しい公共的な場が生まれていく予感がしました。そのための装置や手法としての園芸もあれば、思想として働く「園芸的なランドスケープ」という概念は非常に現代的ですね。

音楽

偶然の音がつくりだす人と人の関係性

蓮沼執太

音楽家

Music

Shuta Hasunuma

1983年、東京都生まれ。蓮沼執太フィルを組織して、国内外での音楽公演をはじめ、多数の音楽制作を行う。また「作曲」という手法を応用し物質的な表現を用いて、彫刻、映像、インスタレーション、パフォーマンスなどを制作する。2013年にアジアン・カルチュラル・カウンシル(ACC)のグランティ、2017年に文化庁・東アジア文化交流使に任命されるなど、国外での活動も多い。主な個展に「Compositions」(Pioneer Works 、ニューヨーク/ 2018)、「　～　ing」(資生堂ギャラリー、東京/ 2018)などがある。第69回芸術選奨文部科学大臣新人賞を受賞。

pic.1

pic.2

pic.3

pic.4

FREE
FULLPHONY
FLEA
2020.11.1Sun.
13:00–18:00
at HAPPA (Nakameguro)

pic.5

音は、街中に溢れている。コンビニのＢＧＭ、車の騒音、人の話し声、電車内の誰かの音漏れ、雨の音。普段、意識することは特にないものばかりかもしれない。しかし、コロナを経て、都会を離れて地方や自然のある場所に行くことが増えたことによって、都会にあったはずの音の不在や違いを認識することになった。音の記憶は、その場所に生きる人に共有された景色なのかもしれない。お祭りのお囃子のように演奏している人がいたとして、それが目に見えるかたちで体験できる場合もあるが、目に見えない音というものも多いはずだ。蓮沼執太さんは音楽家として、作曲活動をされ、コンサート会場などで演奏するだけでなく、都市に音楽を流す活動を行っている。フィールドレコーディングのように、都市から音を集めることによって作品もつくられている。音が空気を振るわせることで、周囲に一つの体験をもたらし、都市とそこを歩く人、演奏する人がどのような関係性を築くことができるのか伺ってみた。（クマ）

◎偶然通りがかり、音を楽しむ

蓮沼　2019年に銀座のGinza Sony Parkの空地でゲリラライブをしました（pic.1）。ちなみにその前月には、すぐ近くの日比谷公園大音楽堂でライブをしたのですが、そのときは集客のために告知していたんですね。この二つの会場は近隣にあるし、開催日も近かったんですが、そこで興行とゲリラという全く別の方法をとってみたんです。ちなみGinza Sony Parkでのライブは、1964年10月16日、東京五輪開催中にハイレッド・センター（高松次郎、赤瀬川原平、中西夏之）が「首都圏清掃整理促進運動」として銀座で清掃イベントをしたことにインスピレーションを受けてやりました。

浜田　僕自身も当日ツイッターで知り、参加に間に合わず悔しい思いをしました（笑）。街中で開催されたということは、都市との関わり方に何かお考えがあったのでしょうか？

蓮沼　どうしたら都市の中で自然に音が流せるかをいつも考えてます。都会ほど過剰なBGMが流れていますが、実際街の音楽とは何なんだろうと。

クマ　銀座の街からは、どんなリアクションがありましたか？

蓮沼　観光客の人も含め、足を止めてくれたり、座って聞いてくれたりしました。僕の活動や作品には、偶然や予期せぬものが必要で、そこからエナジーをもらい、新たな発見や体験になっています。偶然出会ってしまったこと、そしてそこからの気づき、それらを音楽を通してつくれたらと思ってますね。

浜田　インターネットがこれほど台頭した現代では、全て自分で選択し情報を得ることが普通です。たまたま道端で誰かと出会って話すことはほぼない。選択が当然の時代に、こうして偶然をつくることは逆に価値が生まれるのだと思います。

蓮沼　都市について考えるとき、「目に見えるもの」が基本になりますよね。でも実際都市で暮らしていると、目に見えないものがストレスになりうるわけです。つまり今は、都市を考えるときの要素が限定的すぎるのではないかと。これがインターネット以後のあらゆるものが分類された社会と関係すると思うのですが、都市でどこか詰まっている部分を、音を通して風穴を開け、思考をリラックスさせようよ、と伝えたいですね。

クマ　興行とゲリラのライブで、選曲や見せ方は変えるのでしょうか？

蓮沼　コンテンツを使い分けることは、あまり考えていません。Ginza Sony Park では、そもそも外でゲリラでやりたいという相談に乗ってくれたメンバーがまずありがたいですが、それ以外はマイクなどの機材や映像など、こまごましたことに注力しましたね。何より、偶然通りがかっただけだけど、おもしろい、見たことない、と思ってもらえる空間にしたかったんです。

日比谷の場合は、色々な方がチケットを買ってきてくれるので、誰もが楽しめるようにと考えていました。なので選曲や見せ方のベクトルは少し違うかもしれませんね。

◎音楽を都市の日常に引き出す

クマ　Ginza Sony Park という場所の価値もありますが、音そのものにも人を集めて公共空間をつくる力があると思います。例えば地域のお祭りでは、音楽が欠かせないコンテンツですが、お祭りが徐々に消えていく今、今後は神輿とお囃子という形式にこだわる必要はないかもしれません。でも一方で、日本の音楽フェスは真っ向から音楽が好きな人がはるばる行く場所という傾向がまだまだ強い。

このように日本の屋外で音楽を享受する場所は、伝統が保持されたお祭りと、一部の人が行く音楽フェスという、両極端に分かれている印象です。ならばアメリカのブロックパーティーのように近隣でカジュアルに音楽をかけるなどができないか。皆が好きな祝祭性をうまく日常の都市に引き出す重要性を、蓮沼さんの活動から感じています。

蓮沼　僕の活動も、ブロックパーティーから想起されてますね。音のボリュームとか、場所のサイズ感とか、身近でちょっとしたサウンドパーティーのイメージです。フェスのように派手につくり観客を圧倒させるのではなく、街や人に対して入り込もうという意識があります。

クマ　アメリカでは申請すれば誰でもブロックパーティーができるようですね。ブロックパーティーのほかにも、道路に向けてスピーカーが置かれていたり、街に音楽を投げかける文化があるんだと思います。

蓮沼　２０１９年にマンハッタンの公園で「Someone's public and private / Something's public and private」という1日展覧会をしたとき、僕もニューヨーク市に申請を出しましたね（pic.2,3,4）。電気は使わない、物販をしない、などの制限はありますが、申請は電話一本でできて、場所の使用料は６０００円程度でした。主催者の負担がほぼないんです。

展覧会では、水を入れたワインボトル77本と指示書を公園に配置し、人々には自由に動かしたり家に持って帰ったりしてもらいました。水は生活に必須であり、かつ高度なインターストラクチャーでもあり、都市には欠かせない要素です。東京は上水道が飲めますが、海外では飲めないことも多い。それならば、水を皮切りにプライベート、パブリックを考えられると思ったんです。

浜田　その公園はどんな雰囲気だったのでしょうか？

蓮沼　そこは、かつて政治や労働に対する暴動があったり、歴史上さまざまなことが起こってきた場所です。現在は水着姿で日光浴する人がいたりと、個人の時間を楽しめるプライベート性と、一方で開けた公園としてのパブリック性が混ざり合っていますね。僕はずっと民主主義社会で生きてきましたが、その中でも特異な場所だと感じました。

クマ　その展覧会は、街に音を流すというより、開催日の1日を通して音を収集するプロジェクトでしたよね。音を流す、収集する、という方法はどのように分けられているのでしょうか？

蓮沼　音を流す、収集するという方法にこだわるのではなく、街にいる人と人との関係が生まれることによって、その場に何が起こるかをスタディしている感じです。つまり究極的には音にならなくてもよいし、楽器よりも人なんです。場を通して誰かとの出来事をつくり、音楽的状況を生み出す。そこではバイオリンが鳴るわけではないけれど、人の叫びとかが音になっている。人を巻き込んでコンポジションをつくっていると言えるかもしれません。

浜田　「なぜ人は音を奏でるのか」という根源的な問いに対して、この展覧会を通して答えようとしているのではないかと思いました。水の入ったワインボトルを動かすという装置と規律によって、この場で偶然出会った人との関係が生まれている。音を奏でることが、人間にとって言語以前のコミュニケーションの手段であったように、この公園で見知らぬ人々と共に奏でる、ある種の音楽になっていたのではないかと思います。

蓮沼　Ginza Sony Parkでのライブとニューヨークの公園での展覧会では、「人はパフォーマンスに偶然出会ったとき、どんな態度をとるか」を見ていましたね。興行のライブの場合はチケットのある人しか入れないのですが、オープンな場所でやる場合は、全員が対象となる。酔っ払いが参加することもあったり、市民たるものと本当に向き合うことになります。だからこそ、そのとき生まれた出来事はかけがえがない。ニューヨークでは演奏中に攻撃してきた人もいて、都市でのヒエラルキーみたいなものがそこで見えてきました。

◎コンサートホールではない音楽の公共

クマ　２０２０年には、中目黒と祐天寺の間にあるシェアアトリエＨＡＰＰＡのガラスを一面抜いて、道に筒抜けの状態でライブをされていましたよね（pic.5）。事前に告知されていたので、予定して来られた方もいれば、たまたま通りがかった方もいて。偶然と必然の間のような、公共的な要素があるなと思っていました。

蓮沼　当時はコロナ真っ最中で、ライブができなかったんですよね。でもせっかくつくったレコードやＣＤを売る機会がほしかったので、半分開けた場所でライブをしました。警察も来ましたが、道を妨害していたわけではないので問題にはなりませんでした。反対側の路上から聞いてくれていた人もいましたね。

クマ　このような取り組みが増えて常態化すると、次第に公共の役割を果たすようになると思います。そこに、いつも集まるコミュニティができたりとか。

蓮沼　そうですね。音楽分野での公共って、コンサートホールが代表で、つまり税金をたくさん使った立派な建築です。それがちゃんと公共として機能すればよいですが、そもそもクラシック音楽自体が海外からなので、そこにはそれなりの技術も必要。そうすると市民に広く開放するのが難しいんですね。だからこそ、僕のような音楽家はあれこれと考え、ホール以外での色々なアウトプット、きっかけづくりを試しています。

浜田　音の質だけではなく、人々への見せ方や集まり方を考えることが、結果的に音の質にも戻ってくるような気がします。予期せぬ場面に出くわしたことで、むしろより強固なコミュニティに接続されるというか。

蓮沼　一つのコンサートに行くのは単一的な目的なので、そうではない環境で人が集まる場をつくりたいんですよね。その状態だと、一つのアクションにもさまざまな反応が返ってくる。その反応が、例えば銀座という街とニューヨークという街では違うだろうし、それで街の見え方が変わっていくような気づきが少しでもあったら嬉しいんです。

◎この音はこの街に受け入れられるか？

クマ　駅のプラットフォームでの発着音とか、都市で流れてくるＢＧＭは人々の記憶をつくると思います。以前蓮沼さんが関わられた新宿の商業施設「NEWoMan」のプロジェクトでは、都市に配する・仕掛ける音楽をどのように考えられたのでしょうか？

蓮沼　以前訪れた大分県のデパート「トキハ」に、開店時と閉店時に鳴る昔ながらの自動オルゴールがあったんですが、今ではそれがもし壊れても、直せる人も部品もないそうなんです。でも住民たちにとって、それが街の風景になっている。普通なら風景は目で見るものですが、その音は人々の記憶に根付いているわけです。この気づきは僕にとって痛烈でした。

一方では、銀座の「和光」の鐘は、銀座で働く人にとって当たり前の存在で、もはや聞こえてないんです。見えないからこそ、存在しているのに存在していないことになっている。

この二つを経験し、NEWoMan のＢＧＭづくりに関わりました。当時はコロナ真っ最中で来客が少なく、だからこそ明るい曲をという依頼でした。僕はＢＧＭをつくるとき、その場所にずっといる人たちが同じ音楽を聞きすぎてノイローゼにならないよう、一番に考えていますね。

浜田　同じ商業施設でも、ＢＧＭの認知のされ方が全然違うんですね。こだわりの喫茶店や飲食店などでは、オーナーの好みでＢＧＭが決まっているので、むしろ商業施設でもスタッフさんたちが好む音が見えた方が、その場所のキャラクターが垣間見えるのではないかと思いました。蓮沼さんは、他の場面でもＢＧＭをつくられたことはあるのでしょうか？

蓮沼　ＡＩでＢＧＭをつくったプロジェクトがありますね。僕の作曲データをラーニングさせ、さらに時間や気温、天気などの環境データを拾いながら、色々な音を生成していきました。日々環境が変わる中で音がデータ化され、違う音ができていくおもしろい光景でしたね。窓を開けたり、人が通ったり、日常の偶然性を感じる音だと思います。

浜田　先ほどの祭りの話とはむしろ逆の、日常の音をどうつくるかというテーマだと思います。サウンドスケープは、街の記憶と関係しているというお話でしたが、自動オルゴールも鐘も、それが街のキャラクターになっている例ですよね。だからこそそれを新たに都市につくるという依頼は、結構難しいのではないかと思います。実験的な音楽なのか、皆が楽しめるような音楽なのかという、ターゲットの話にも関わりそうです。

蓮沼　ターゲットについては音よりも建築の方が難しい気がしますね。僕の知人は、街中へ音を流すアートプロジェクトを定期的にやってたんですが、近隣の方から不快という声があり中止しました。確かに街には元々の情景があるので、アートだからと許されるわけではない。例えば、その街には合わない彫刻もあります。しかもその良し悪しは多数決で決められるものではないでしょう。

なので僕の場合は、ターゲットで限定することはなるべく避けていますね。むしろターゲットがあったらこのような取り組みはしていないと思います（笑）。音をつかさどって作品をつくり、そこにこぼれ落ちた要素が、都市や人間と触れ合っている。そういう行為をつくり出すシステムをつくりたいんだと思いますね。

クマ　確かにターゲット云々よりも、見ている人に演奏のようすが見えることが重要なのではと思います。さらに言えば、そこに語りたくなる要素、関われそうだという要素があるかどうかかなと。

蓮沼　街にいると自分も色々な音を出していますもんね。でも現代の街で生まれる音は、個性がすごく少ない。環境音を渋谷で録ろうが神楽坂で録ろうが、似たような音が出ます。それが昔は違ったと思うんです。本来は東京の色々な場所に小さくても濃い文化があったはずなので、そこで営まれる音が街の中にあって、それに外から来た人も触れられたはず。先ほどご紹介したシェアアトリエでのライブでは、道端で聞くことでその人を音楽の一部にさせていて、関係性が生まれていました。

クマ　僕が運営するシェアハウスの一つでの、音に関するエピソードがあります。住民の一人に、同居人たちとコミュニケーションを取らない人がいて。集まりに参加しないのに、なぜシェアハウスに入ったのかと気になっていたんです。でも、どう聞いても「最高です」と返ってくる。そこで詳しく聞いてみると、一人で住んでいたときにはなかった、誰かが帰宅した音とか、リビングでの話し声とかに安心すると。そうやって近くにいる人の生活音が聞こえているのは、江戸時代など建物が木造でできていたころの、音が漏れる街をイメージしました。

◎心地のよい生活音か、騒音か

クマ　一方で、そのシェアハウスでは、近隣への騒音になってしまったこともあります。外壁一面が半透明の膜で、少し音を出すだけで共振してしまったんですね。しかも半透明だから中も見えない。近隣の音が漏れ聞こえてくるのはよいことでもありますが、そこでは不快のラインを超えてしまったんだと思います。

浜田　公共的な音を考えていくと、普遍的な調和が重要になるのかもしれません。建築でも同様に、公共建築では普遍的な美しさと機能が求められます。

蓮沼　僕は建築業界の方々のお話を聞くのが好きで、専門書も読んだりするんですが、建築ってあらゆるディテールを追求してつくられる一方、やっぱり音の要素だけは抜けていて、計算されていないと思うんですよね。できてみたら、なぜこんな音が出てしまうんだろうという状況になるわけです。

コンサートホールは楽器という決められた音が鳴り、決められた音の反響反射がある場所でかなり理論的ですが、それよりもっと音への想像力が一般化されるとおもしろいと思うんですよね。柔らかみや温かみのある音が分かると、機能や美とは違うベクトルで、そこにいたいと思わせる要素になると思います。

クマ　例えば一階なら街とつながりやすいですが、二階だと外から見えづらい。だから二階で街とつながるには、音が要素になるとおもしろいと思います。「漏れ感」のデザインというか。

蓮沼　満員電車に乗ったときに、他の人が聞いてる音漏れを聞くのが結構好きで。そういう漏れているポイントは、見つけようと思えばいくらでもある。漏れる音や気配を嫌に思う人も、おもしろがる人もいるので、トライアンドエラーで日々実験できたらよいですよね。

クマ　ニューヨークの地下鉄では演奏している人がいて、ずっと聞きたいわけじゃないけど、電車を待つ5分には最高だったりします。そういう時間別での音への接し方もあるでしょうね。

蓮沼　電車の中でダンスしている人なんか、きっちり二駅分で終えて、次の車両に移ったりしてますよね。パフォーマンスがシステムに溶け込んでいてすばらしいと思います。彼らも乗客が不快にならないぎりぎりのラインで、ちゃんとエンターテイメントになるようにしている。その上で経済活動にもなっていて、潔いと。

浜田　それはまさに、不快にならないラインを攻めて、美と調和をつくりだしているのだと思うのですが、蓮沼さんは音を奏でるときに美や調和を意識されているのでしょうか？

蓮沼　むしろ、美と調和を崩しチューニングしていく必要があると思っていますね。今言われている公共はすでに昔に設定されたものなので、つくり手がそれを追いかけていても仕方ない。当たり前と思われていることを疑いアクションしチューニングし続けることで、周囲のキャパが広がり、新しい公共性が見えてくると思っています。

浜田　たしかに建築の分野でも「こういうのって意外と美しいよね」と、前提を徐々に崩すように提案するときもあります。そういうのが新しさにつながっていきますよね。

蓮沼　日本で「ハーモニー」は「調和」と訳されますが、僕が求めるハーモニーは、楽器の豊かな旋律による調和ではなく、音楽が生まれた瞬間にそこにいる人間や動植物や建物がどう反応するかというものです。なので、割と音楽自体は手段でしかありません。

◎フィールドレコーディングと音づくり

クマ　フィールドレコーディングとして都市の音を取るのは、どんな経緯ではじめられたんでしょうか？

蓮沼　フィールドレコーディングは、人によってそれぞれ目的と手法が異なるんですね。文化人類学的なアプローチもあれば、サウンドアーティストとしてのアプローチもある。

僕の場合は、目では分からないことを探すために、最初は物事の変化の観察から入りました。そこでさまざまな発見があった。僕は音楽を構造的に聞きますが、環境音は構造的に聞けなくて、ランダム。それがおもしろいと思ってどんどんハマりましたね。

ただ、誰も聞いたことのない秘境の音やすごくクリアな音を録りたいわけではないし、文化人類学者のように捉えているわけでもない。あくまで自分がこの世界に存在している証明としてやってます。録った音が音楽的におもしろければ楽曲に使うこともありますね。

浜田　蓮沼さんは、以前住まれていたニューヨークや、今の拠点の東京など、自分自身の身近な環境にある音を採集されるイメージがあるのですが、全く知らない土地に行かれることもあるのでしょうか？その場合、レコーディングの方法が変わりますか？

蓮沼　アーティストインレジデンスで知らない地域に行くこともあります。そこでは自分の主観ももちろん大事ですが、レコーダーという機械の客観性を借りるんですね。レコーダーは自分が脳を通して聞いている音と違う音、聞き漏らしていた音を録ってくれるからです。それで、クリエイションの前に客観性がある状態にします。

クマ　先ほど、今の都市の音はどこも同じになっているというお話がありましたが、Ginza Sony Parkでは、多くの人に引っ掛かる音をかけたともお話されていました。その意識と、フィールドレコーディングはどんな関係があるのでしょうか。建築の場合、インスピレーションを受けやすいのはもう少し即物的なもので、この質感よいね、この素材おもしろいね、という話になることが多いです。

蓮沼　都市の音が均質化されてしまっている環境に対して、僕らの音楽を開放するということは考えていました。銀座の日中の都市空間で自分たちの音楽をサプライズとして展開することで、微力ながらも都市に違う側面をつくり出す、という意識は表れていると思います。

◎聞いているだけでも音楽になる

浜田　Ginza Sony Parkのライブでのステージは、演者と観客の関係が一方向ではなく何重かの輪になっていて、その構成が皆で場をつくっている雰囲気をつくり出していると思いました。土着的、民族的に見えるなと。

蓮沼　以前ケニアのスラム街に行ったときに、住民たちが皆楽器やガラクタで音を出していたんですが、その中に何もしていない人がいて。「なぜ参加しないのか？」と聞いたら「聞いているんだ」「聞いているのも音楽だから」と言われました。

そこで、確かにそうだな、と。忘れていたなと思って。Ginza Sony Parkのライブでも、ぼけっと立ってるだけの人もいたんですが、その人もぼけっと立ってるなりに音が体を通過してまた出すという発信体になっている。つまり聞いている人も参加しているんだということが身を持って分かりましたね。

この円形型のライブは技術的には大変で、演奏もしづらい。ステージと客席を分ける方が合理的に演奏できるけれど、いかにそのシステムを崩して新しい発見をつくるかということを試しました。

クマ　音が街に漏れていると、人々を街に参加している気持ちにさせますよね。その設計が重要。演奏するだけでは参加じゃないし、そういう前向きなきっかけがないと一瞬で不快になり得る。

蓮沼　Ginza Sony Park のライブに通りがかった人たちは、足を止めて聞くことも、そのまま通り過ぎることもできるわけです。音が不快かどうかという話とはまた別に、そういう受け手の選択肢があることが大事だと思いますね。

クマ　確かに、常に同じ場所で毎日ライブが開催されていたら、近隣の人は迷惑かもしれないけれど、たまにやっていることだからこそ公共空間になりえるなと思います。

蓮沼　公園にあるステージは本来そういうものですよね。週末だけ使われているとか。日比谷公園大音楽堂もそうだったと思いますが、次第に音楽産業の中に回収され、興行の場所になっていきました。

クマ　あとはＢＧＭも、毎日そこにいる人には選択肢がない状態なので、そこには偶然だけではなく必然も生まれています。そこへの配慮が必要なのは、公共建築をつくるときも同様だと思いました。今回蓮沼さんのお話を伺って、デフォルトの設定の仕方がとても重要だと感じました。音は目に見えない分、その配慮を欠いていても気づかれないことが多いかもしれませんが、人が自然に集まる場所にはそのような工夫がされているのかなと。そして、そこに非日常的な要素を加えていく、しかもそれが人との関わりの中から生まれてくるとより豊かな空間になると実感しました。

浜田　これまで公共という概念は、お上が決める一つの美学のようなものだったと思います。一方現代では、音楽においても他の分野においても、メインストリームというような概念がほぼなくなったのではないかと思います。しかし、小さなストリームであってもそれが連続していくことによって、開かれた場で偶然的な人の関係性をつなぎ合わせていくことができる。蓮沼さんのお話しを通して、目に見えない存在である音によって、日常と非日常の間に人の関係をゆるやかな距離感で結び付けられる可能性を感じました。

　都市の中では、物理的なモノを通して関係性をつくることが主流だったと思います。しかし音という始原的なコミュニケーションの手段によって、都市のオープンスペースでサウンドスケープのようなものがつくられ、そこに訪れる人々の間に新しい関係性がつくられていく豊かなイメージが想像できました。

NO WAR NO
SCENE
オルタナティブパブリック
「道」

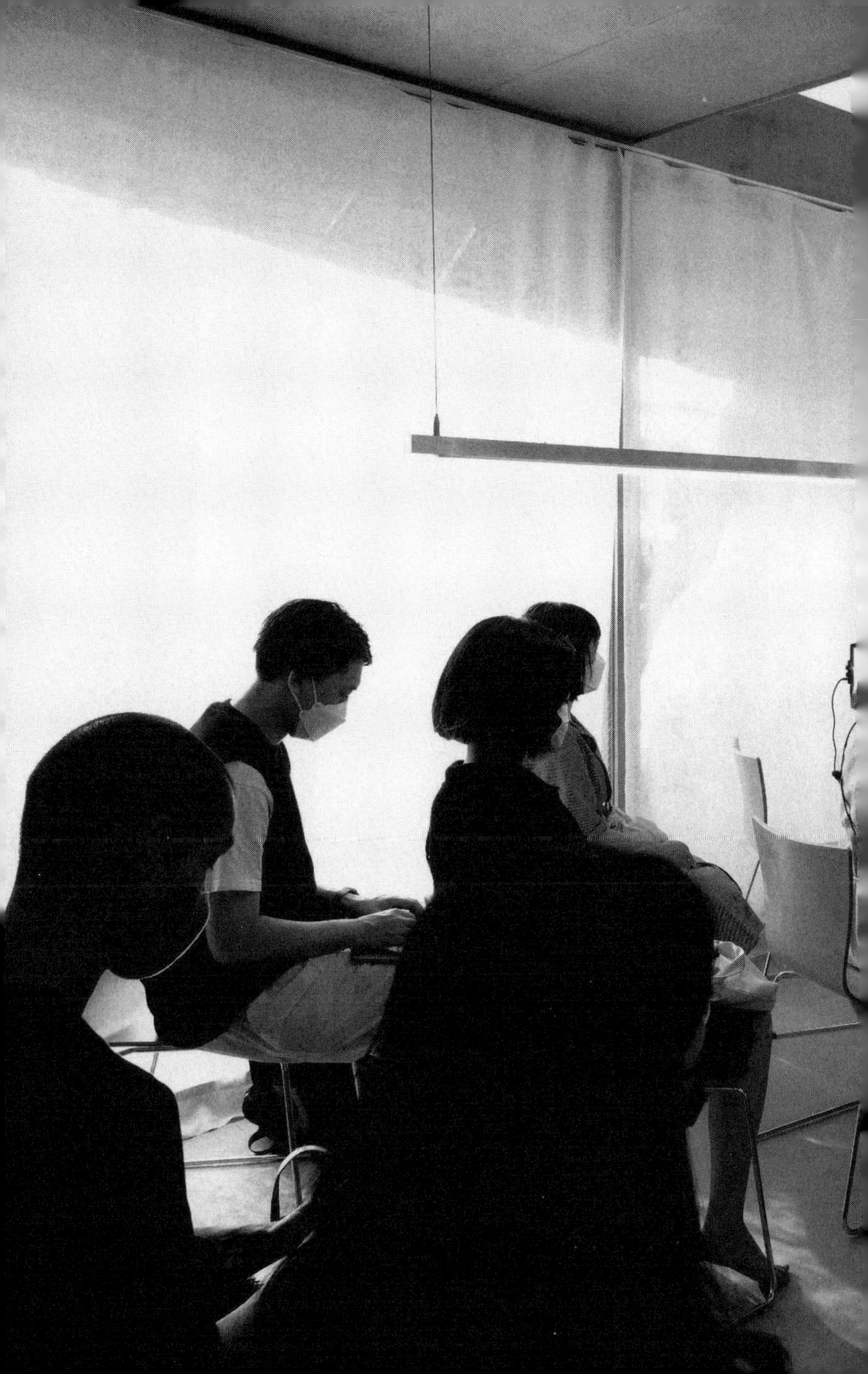

浜田晶則（はまだ・あきのり）

建築家。1984年富山県生まれ。2012年東京大学大学院修士課程修了。2012年 studio_01共同設立。2014年 AHA 浜田晶則建築設計事務所設立。同年より teamLab Architects パートナー。2020年宿泊施設 ONBIENT の企画運営を行う Hodge を共同設立。コンピュテーショナルデザインを用いた設計手法により建築とデジタルアートの設計を行い、人と自然と機械が共生する社会構築をめざしている。

クマタイチ（くま・たいち）

建築家。1985年東京生まれ。ドイツのシュトゥットガルト大学にて修士課程、東京大学大学院にて博士課程を学ぶ。その後、ニューヨークの設計事務所に勤務。2021年から東京を拠点に活動し、設計と運営を行うTAILANDを始動。2021年には9階建てのシェアコンプレックス『SHAREtenjincho』が完成。「建築のハードとソフトをつなぐ」をコンセプトに、設計から企画・運営・管理までを行う。

あとがき

「オルタナティブ・パブリックと都市のゆくえ」　浜田晶則

集まって共に生きる場としての都市。そんな場である都市で、いかなる価値をつくることができるか。その命題に対して、これまでその手段として主流だった建築や土木という専門分野だが、今やそれだけでは複雑化した問題や課題を解決することが困難になってきている。そんな状況下で、都市の新たな価値（＝パブリック）に対してこれまでになかったような視点を提示してみせるインタビュイーの方々の多様な実践には、非常に多くのヒントがあった。

最後まで読んでいただいた読者の方には、本書が提示する「オルタナティブ・パブリック」の意図するところを朧げながら掴んでいただけたのではないかと思う。多様な事例のなかで、一言で一括にすることは難しいが、オルタナティブ・パブリックとは何かについて、インタビューを振り返りまとめてみたい。

まずは8つの事例をコンパクトにおさらいしよう。

1. Pokémon GO の事例にみられるように、公園や道などの公共に開かれた空間は、そこに仮想空間が重ね合わされることによって、個人空間化する。
2. 完全避難マニュアルの事例のように、ある特定のコミュニティに閉じた場が、身振りの設定によって開かれた場になる。
3. ビッグデータによる価値の可視化によって、車道を歩行者空間へと変える。
4. 公園や道路利用のオーナーシップと自由な使い方を醸成する仕組みによって、地域社会の公平さと街の防犯を担保する。
5. 空き家から出る古材を捨てずに救出し、価値づけをして流通させるプラットフォームをつくる。
6. 食分野における物流や認証の仕組みを変えることで、生産者、加工者、消費者をつなぐコミュニティが場所を越えて生まれる。
7. 自治の上に成り立つ園芸という私的空間が、なかば公共的な景観として維持される。
8. 街の開かれた場で音を奏でることで、そこに居合わせた人と場所、人と人の関係を変化させる。

俯瞰してこれらの事例をみてみると、オルタナティブ・パブリックを生み出す手法は、以下の3つに類型化できるだろう。

a．開かれた場を個人化する（1・2・7）
b．私有地や特定用途を開放する（3・4・8）
c．場をこえてモノの流れを変える（5・6）

これらの手法に通底する目的は、そこに関わる人々の関係性の再構築と言える。既存の環境やモノの意味を読み替えることによって、新しいパブリックの概念やあり方が生み出されていた。では、我々は現代都市におけるパブリックに何を期待するのだろうか。そして建築家として、その問いに対してどのように応えていけるのだろうか。

都市の機能のひとつに、コンパクトに職住を集積することによってインフラや物流によるサービスを効率的に人々に供給するという利便性がある。しかし現在、例えば農村にいてもインターネットでモノを自由に流通させられるし、近い将来にはそのインフラすらもオフグリッドとなり、自動運転などの技術で誰もがどこでも不自由なく住めるようになるかもしれない。

では利便性が、都市に住むことの大きな理由でなくなったときに、それでも都市に住むことの意味は何になるだろうか？それは、家に引きこもることでもなく、特定のコミュニティに閉じて生きることでもないだろう。多様な人々が共に生きるために交流し、異なる価値観をぶつけ合い、偶然的な発見や出会いが生じる、そんなパブリックの存在が都市に住むことの意味になるのではないかと思う。

そんな状況において、建築家はモノの建設だけに縛られるのではなく、現実空間と仮想空間の重ね合わせ、多様なコミュニティへの理解、流通とプラットフォームやビッグデータの駆使、自治による景観づくり、開かれた音環境のデザイン、その他多岐にわたるテーマを折り重なるように構築することが求められるだろう。それには、建築家だけではなく様々な専門家とビジョンを少しずつ共有しながら協働し、これからのパブリックをつくっていく姿勢が求められる。

朧げながら新たに萌芽しつつあるパブリックの概念を「オルタナティブ・パブリック」と本書で名付けた。今回8人8様のパブリックの概念が提示されていたように、個々人がそれぞれのオルタナティブ・パブリックをつくっていくことで、未来の都市がかたちづくられていく。そんな未来を計画者ではなく実践者の集合によって描いていきたい。その先には、これまでの歴史がつくってきた都市というもの以上に、より豊かな都市のかたちや生活があるのではないかと思う。

さあ本を閉じ、街に出よう。

謝辞

本書を書くにあたって、たくさんの方々にお世話になりました。

平田潤一郎さんには、インタビュー、トークイベント、地方への視察に毎回同行していただき、テクニカル面の手厚いサポートや人生相談も含めて様々な支援をしていただきました。

編集の中井希衣子さんには、オルタナティブ・パブリックという書籍タイトルの提案、企画も含めて長くお付き合いいただきました。非常に読みやすくまとまった内容になったのも中井さんのおかげです。

BOOTLEG の尾原史和さんには、読みやすく洗練された素晴らしいデザインだけでなく、出版のご協力までしていただきました。より具体的にこのプロジェクトが進むきっかけになりました。

そしてインタビューの方々には、大変多忙ななか快くインタビューと校正を引き受けていただきました。地理的に直接お会いできなかった方もいましたが、非常に楽しく有意義な議論をさせていただきました。

sceneのトークイベントにこれまで参加してくださったゲストの方々をご紹介します(敬称略、50音順)。2015年からsceneが始まりましたが、これまでのゲストとのディスカッションによってこの本が生まれたといえます。

東野唯史、阿部航太、新井崇俊、飯石藍、石川初、石田遼、市川創太、伊藤光平、伊藤維、犬童伸浩、加々美理沙、川島奈々未、川地真史、木内俊克、木下斉、小泉秀樹、佐藤和貴子、島田智里、杉田真理子、鈴木謙介、鈴木綜真、砂山太一、関治之、曽我昌史、高砂充希子、高橋謙良、高山明、竹内雄一郎、太刀川瑛弼、田村友一郎、富樫重太、中島直人、中山晴貴、南後由和、西田司、蓮沼執太、東俊一郎、古澤えり、松井創、松下晃士、松葉史紗子、松原祐美子、真鍋太一、水野祐、六人部生馬、村上暁信、森田美紀、安居昭博、吉川勉、吉里裕也、吉村有司、和田隆介、Aokid、Yu Inamoto

最後に、2015年のシェア矢来町での活動時から、あたたかいご助言やコンセプトへのご指摘をいただいた篠原聡子先生にも心より感謝申し上げます。

ここで一区切りにはなりますが、またシーンの旅を続けていくなかで、関わってくださったみなさんに直接感謝をお伝えできるときを楽しみにしています。

クマタイチ＋浜田晶則

scene
instgram

オルタナティブ・パブリック

2023年3月31日　初版第1刷発行

著者：
クマタイチ、浜田晶則

編集：
中井希衣子

発行者／アートディレクション：
尾原史和（BOOTLEG Ltd.）

デザイン：
BOOTLEG Ltd.

印刷：
株式会社シナノパブリッシングプレス

発行所：
株式会社ブートレグ
162-0802 東京都新宿区改代町40
Tel 03-5738-8921
edit@bootleg.co.jp

Printed in Japan
ISBN：978-4-904635-69-8

BOOTLEG Ltd.
WEB